최소한의 코딩지식

EBS
디지털 시대,
새로운 기회를 만드는
최소한의
Minimal Coding
처음 시작하는 교양 코딩
코딩지식

어떤 사람

“우리는 이제 태어날 때부터
컴퓨터와 인터넷 속에서 살아가야 합니다.
그러니 어떤 식으로 컴퓨터가 이루어져 있는지
알고 있는 것이 좋습니다.”

– 전길남(카이스트 명예교수)

EBS 〈어떤 사람〉
영상 보기

평범한 블로그
거기에 볼 만한 뉴스들의 링크를 담는
뉴스캐스트를 만든 사람

캐논 변주곡
현란한 록 버전
자신의 연주 동영상을
유튜브에 올린 사람

이집트 경찰의 비리를 고발했다가
목숨을 잃은 청년
그를 기억하기 위해
페이스북 페이지를 만든 사람

웹(web)이라는 열린 공간에서
참여하고 공유하며

새로운 가치를 함께 만드는 사람들

이들에게 붙여진 새로운 이름
Web 2.0

각종 콘텐츠와 서비스를 더하고 엮어
새로운 것을 만들고
전문가나 책이 알려주지 못하는
깊이 있는 지식을 쌓아가며

결국, 선택받은 특별한 사람들을 이긴
아주 사소한, 평범한 사람들

미국에서 7번째로 많은 사람이 찾는
개인 뉴스 블로그를 만든 매점 직원

맷 드러지(Matt Drudge)
'드러지 리포트(Drudge Report)' 창립자

취미로 올린 기타 연주 동영상으로
이제는 세계 곳곳을 누비는
평범한 대학생

임정현(활동명 funtwo)
전자기타리스트

SNS에서 사람들과 뜻을 모아
부당한 권력에 맞선 마케팅 전문가

와엘 고님(Wael Ghonim)
2011년 이집트 혁명 주도자

그리고

일본에서의 유년기
미국 유학과 함께한 청춘

1982년 한국
우리나라 최초로
인터넷 연결을 성공시킨
어떤 사람

전길남
대한민국 인터넷의 아버지

더 나은 삶과
가치 있는 세상을
만드는 사람들

전길남

바로 당신

YOU

CONTENTS

chapter 1
지금, 누가 세상을 바꾸는가

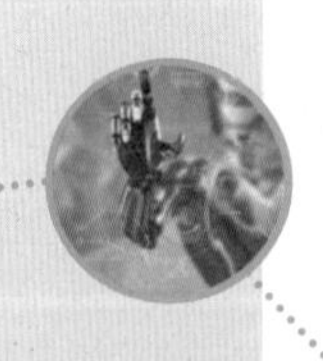

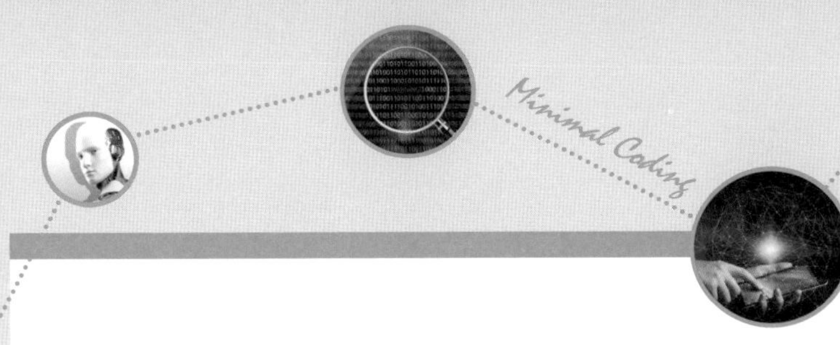

chapter 2
코딩과 소프트웨어, 어떻게 이해할 것인가

chapter 3
시작된 미래, 무엇을 준비할 것인가

Chapter 1

지금,
누가 세상을
바꾸는가

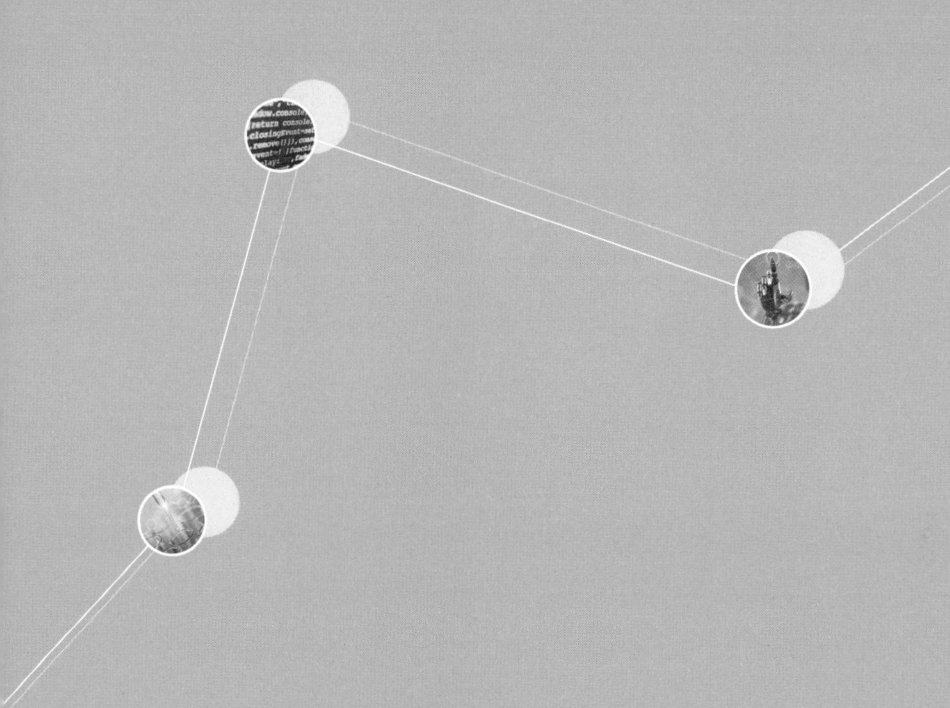

- 조용한 혁명
- 10초 리캡차
- 21세기 갈릴레오
- 생명을 구하는 문자
- 검색창 뒤의 순위 전쟁
- 잭의 컴퓨터
- 에스토니안 마피아

조용한 혁명

"코딩을 배우는 것은
여러분의 미래는 물론
조국의 미래에도 매우 중요합니다."

– 버락 오바마(전 미국 대통령)

EBS 〈조용한 혁명〉
영상 보기

"증기기관이 옛 세상을 파괴하고
새로운 세상을 만들었다."

– 아놀드 토인비(영국 경제학자)

증기기관의 힘을 이용한
산업혁명으로
농촌 인구 대부분이
도시로 모여들었다.

이제 막 도착한
아이의 눈에 도시는

거대한 공장

해가 뜨면 일하고
해가 지면 잠들었던
농촌과는 달리

도시가 요구한 것은
전혀 다른
새로운 능력

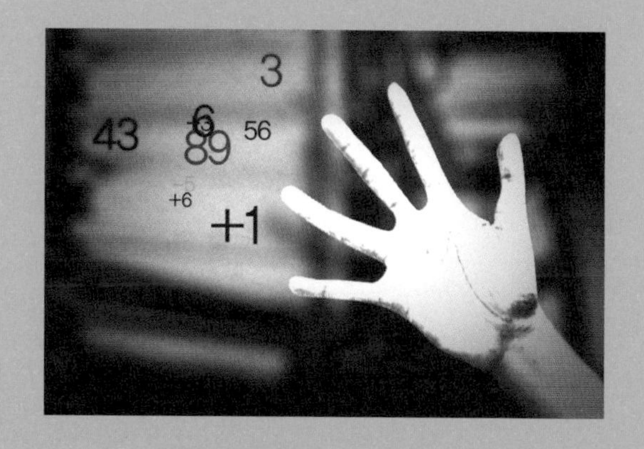

일을 시작하고 끝내는
시간을 말하거나
길이를 재어 자르거나
숫자를 더하고 빼는
간단한 계산

"이주 노동자의 아이들은 학교에 들어가
읽기와 쓰기 그리고 산수를 배워야 한다."

– 1872년 스코틀랜드 교육법

하지만
귀족의 전유물이던 수학을 누구나 배우는 것에
기득권층의 반발도 있었다.

"노동자의 아이들까지 가르치면
사회의 계급 구분이 흐트러질 것이다."

– 앤드루 벨(인도 마드라스대학교 설립자)

그러나 영국의 몇 개 도시에서
나라 전체로 공장은 늘어가고

산업과 자본의 끊임없는 요구

수치적이고
논리적이며
정량적 사고를 하는 사람

수학을 할 줄 아는 사람

수학은 그렇게 학교로 들어왔다.

그리고
정보를 손에 쥐고
정보를 옮기고
정보를 파는

디지털 세상

2014년 영국을 시작으로
세계 각국의 코딩 교육 열풍

2009년 일본
SW 교육 필수과목 지정

2014년 핀란드
'코디콜루(코딩학교)' 전국으로 확대

"미, 앞으로 10년간 SW 인력 100만 명 부족"

– 〈한국경제신문〉

"자동차는 이제 가솔린이 아니라 소프트웨어로 움직인다."

– 메르세데스 벤츠 회장

"2021년부터 5년간 1700억 원 투입, SW 인력 5만 명 양성"

– 삼성그룹

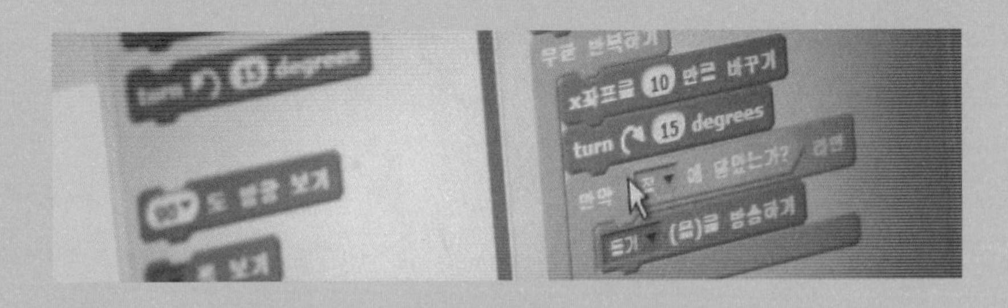

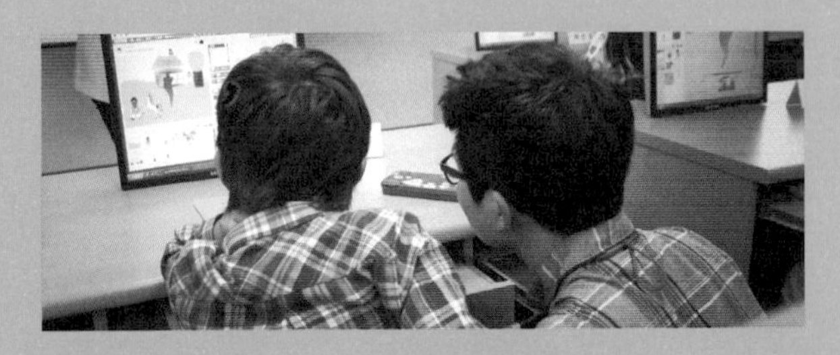

이제 중요한 사람은
정보들을 연결하고 융합하여

새로운 가치를 만드는
사람

“코딩 교육은 어떤 문제를 해결하기 위한
절차나 방법을 가르치는 컴퓨터 사이언스 기초 과정”

– 도모토 노부(일본 문부과학성)

대한민국도
초등학교 2019년 소프트웨어 교육 정규 교과목 편성
초·중·고등학교 2025년부터 AI 교육 정식 도입

다시 조용한 혁명이 시작됐다.

1차 산업혁명과 수학

수학은 수천 년 동안 눈부신 발전을 이루면서 문명을 발달시키고 인간의 삶을 풍성하게 해왔어요. 그러나 오랜 세월, 대중 속으로 침투하지는 못했죠. 고대 문명 시대부터 수학은 왕을 비롯해 일부 고위층만이 다루는 권력의 도구이자 귀족들을 위한 교양과목, 소수 엘리트의 전유물이었어요. 그렇게 소수 계층만 향유하던 수학은 18세기 중엽 영국에서 시작된 제 1차 산업혁명으로 혁신적인 변화를 겪게 되었습니다.

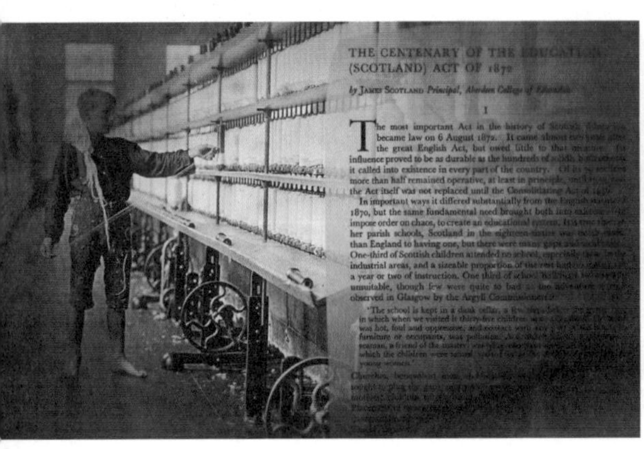

THE CENTENARY OF THE [illegible]
(SCOTLAND) ACT OF 1872

by JAMES SCOTLAND *Principal, Aberdeen College of* [illegible]

I

The most important Act in the history of [illegible] became law on 6 August 1872. It came [illegible] the great English Act, but owed little to that [illegible] influence proved to be as durable as the hundreds of [illegible] it called into existence in every part of the country. [illegible] more than half remained operative, at least in principle, [illegible] the Act itself was not replaced until the [illegible]

In important ways it differed substantially from the [illegible] 1870, but the same fundamental need brought both into [illegible] impose order on chaos, to create an educational [illegible] her parish schools, Scotland in the eighteen-[illegible] than England to having one, but there were many [illegible] One-third of Scottish children attended no school, [illegible] industrial areas, and a sizeable proportion of the [illegible] a year or two of instruction. One third of [illegible] unsuitable, though few were quite so bad [illegible] observed in Glasgow by the Argyll Commissioners [illegible]

'The school is kept in a dank cellar, [illegible] in which when we visited it thirty-five children [illegible] was hot, foul and oppressive, and contact with [illegible] furniture or occupants, was [illegible] seaman, a friend of the master [illegible] which the children were [illegible] young women.'

산업혁명은 말 그대로 세상에 혁명적인 변화를 가져왔어요. 농업 중심 사회에서 산업 중심 사회로 바뀌면서 수백만 명에 달하는 인구가 농촌에서 도시로 이주했습니다. 대규모 공업 도시가 생겨났고, 가내 수공업과 공장제 수공업이 공장제 기계공업으로 전환되었어요. 돈을 투자해 공장을 세우고 노동자를 고용함으로써 막대한 이득을 취하는 자본가가 등장하고, 중소 상공업자가 주를 이루는 중산층이 크게 성장했습니다.

이러한 산업혁명이 가능했던 이유는 영국의 기계 기술자 제임스 와트(James Watt, 1736~1819)가 증기기관을 발명한 덕분이었죠. 증기기관은 수증기가 가진 열에너지를 기계적인 일로 변환시키는 원동기로, 산업혁명이 '혁명'이라고 불리는 데 결정적인 역할을 했습니다.

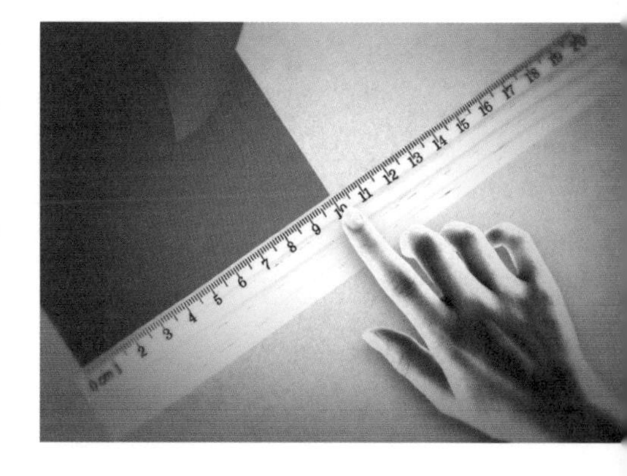

그런 한편으로, 노동자들에게는 또 다른 어려움이 있었어요. 수많은 노동자가 농촌에서 생계를 유지하기가 어려워 도시로 몰려들었는데, 이들에게는 공장 노동자로서의 새로운 능력이 요구되었기 때문이죠. 시계를 보고, 길이를 재고, 숫자를 더하고 빼는 간단한 산수 능력, 즉 수학을 할 줄 아는 사람이 되어야 했어요. 도시에서 수학을 모른다는 것은 곧 문맹, 무능력자를 의미했어요. 대부분의 이주 노동자에게 수학은 익숙하지 않은 존재였죠.

이에 영국 정부와 자본가들은 이주 노동자 아이들에게 수학을 가르치기 위해 영국의회 선택위원회를 구성했어요. 값싼 노동력, 그것도 수학을 할 줄 아는 노동력이 절실하게 필요했기 때문이에요.

위원회에서는 노동자 아이들에게 가장 효율적으로 수학을 가르칠 방법을 연구하며 학교에서 수학을 교육하도록 유도했어요. 다양한 노력을 했음에도 초창기에는 성과가 미미했지만, 지속적인 변화와 개선의 노력을 통해 수학은 점점 많은 학교에서 정식 과목으로 채택되었어요. 당시 모든 영국인이 이주 노동자 아이들의 수학 교육에 찬성했던 것은 아니에요. 일부 특권층은 사회 계급을 붕괴시킬 우려가 있다고 주장하며 반대하고 나섰어요. 왜 일반인들까지 수학을 배워야 하느냐고 의문을 제기한 것이었죠. 그러나 시간이 갈수록 영국 전역에서 공업화, 산업화가 빠르게 진행되면서 반대 목소리는 별다른 영향력을 발휘하지 못하고 힘을 잃어갔습니다.

그렇게 수학은 시대적 요구, 관심사와 긴밀한 관계를 맺으며 소수 계층만이 향유하던 학문에서 보통 사람들이 배워야 하는 학문으로 바뀌었어요. 그리고 현재는 대부분 나라에서 교육하는 보통 과목으로 자리 잡았습니다.

4차 산업혁명과 코딩

매년 1~2월 스위스의 고급 휴양지인 다보스에서는 일명 '다보스포럼(Davos Forum)'이라고 불리는 세계경제포럼(WEF: World Economic Forum)이 열려요. 1971년부터 시작되었으며, 민간 재단이 주최하는 회의임에도 국제사회에 미치는 영향력이 매우 큽니다.

클라우스 슈밥

세계 40여 개국 정상 및 국제기구의 수장, 세계적인 기업가, 학자, 언론인 등 세계의 유력 인사들이 참석하기 때문이에요. 이들은 각종 정보를 교환하고 그해 세계 경제의 최대 화두와 발전 방안, 미래에 대한 주제 등을 논의해요. 2016년 이 포럼에서 창립 이래 최초로 과학 기술 분야의 주제를 주요 의제로 채택했는데, 바로 '제4차 산업혁명'입니다.

다보스포럼의 창립자이자 회장인 클라우스 슈밥(Klaus Schwab)은 곧 4차 산업혁명이 일어나 지금까지 인류가 경험하지 못한 대변혁을 맞이할 것이라고 말했어요. 1784년 증기기관의 등장에 힘입어 생산의 기계화가 이뤄졌던 1차 산업혁명, 1870년 전기를 이용한 대량 생산이 본격화된 2차 산업혁명, 1969년 전기 및 정보 기술을 통해 생산 자동화 시대를 연 3차 산업혁명에 이은 또 하나의 혁명이죠.

4차 산업혁명이란 무엇일까요?

4차 산업혁명은 범위가 매우 넓고 규모가 커서 한마디로 정의하기는 어려워요. 다만 일반적으로는 인공지능(AI: Artificial Intelligence), 로봇공학, 사물인터넷(IoT: Internet of Things), 무인 자동차, 3D 프린팅, 나노 기술, 생명공학, 재료공학, 에너지 저장, 양자 컴퓨터 등의 디지털 기술(소프트웨어 기술)이 비약적으로 발전하며 융합하는 차세대 산업혁명을 말해요.

4차 산업혁명의 가장 큰 특징은 기술적 융합이 이루어짐으로써 디지털 세계, 생물학적 영역, 물리적 영역 간의 경계가 허물어진다는 것이에요.

인간이 조정하지 않아도 사물들끼리 서로 정보를 주고받으며 알아서 판단하는 산업 시대, 쉽게 말해 '사물지능 시대'가 도래하는 것입니다. 그야말로 공상과학 영화에서나 볼 법한 일이 현실에서 이뤄지는 것이죠.

하지만 반대로, 제대로 대비하지 못하면 감당하지 못할 만큼 큰 위기에 처할 수도 있어요. 4차 산업혁명이 생산, 경영, 산업 간 지배구조 등 인류의 삶을 완전히 바꾸어놓기 때문이에요. 예를 들어 기계를 통한 완전

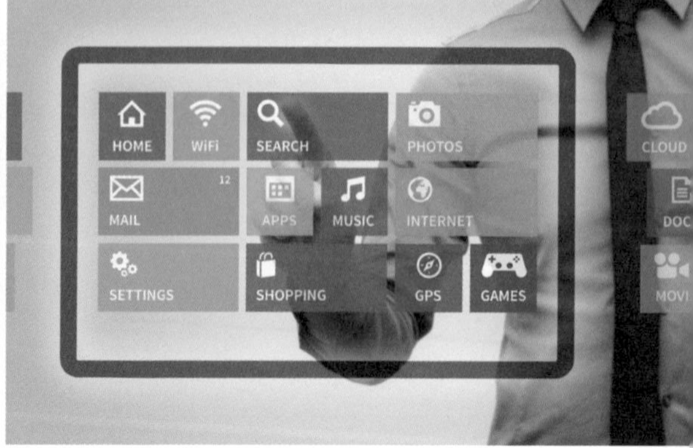

자동생산체제는 노동시장의 붕괴를 초래할 수 있어요.

실제로 다보스포럼 '미래 고용 보고서'는 4차 산업혁명으로 향후 5년간 약 700만 개의 일자리가 사라질 것으로 분석했어요. 4차 산업혁명에 제대로 대비하지 못하면 개인은 물론이고 기업과 정부 역시 핵폭탄급 충격에 빠질 수 있습니다.

전 세계의 코딩 열풍

많은 전문가가 이러한 4차 산업혁명이 '산술급수적'이 아니라 '기하급수적'으로 진행되고 있다고 경고했어요. 디지털 혁명, 소프트웨어 혁명을 통해 세상의 모든 것을 로봇화, 자동화, 인공지능화하는 시대가 빠른 속도로 다가오고 있는 것입니다. 이에 지금 세계 주요 선진국들은 과거 1차 산업혁명 당시 영국이 이주 노동자 아이들에게 수학 교육을 했듯 4차 산업혁명에 대비해 소프트웨어(코딩) 교육을 강화하고 있어요. 디지털 혁명을 토대로 일어나는 4차 산업혁명 시대, 소프트웨어 시대에서 생존하고 발전하려면 필수적인 능력이기 때문이에요.

소프트웨어 교육에 가장 적극적인 나라는 영국이에요. 1차 산업혁명으로 경제 부흥을 누렸던 영국은 디지털 시대, 소프트웨어 시대에도 빠르게 대처해 경제 부흥을 이어가겠다는 전략입니다.

미국(9개 주), 이스라엘, 핀란드, 일본, 중국, 에스토니아 등에서도 일찌감치 소프트웨어 교육을 실시하고 있어요.

이스라엘은 1994년부터 소프트웨어 과목을 학교 정규 교육과정에 포함시켰고, 핀란드는 2014년부터 코디콜루(코딩학교)를 전국으로 확대하고 있어요. 미국 또한 2013년부터는 버락 오바마 대통령이 직접 나서서 소프트웨어 교육, 코딩 교육이 국가의 경쟁력을 높인다며 교육의 중요성을 꾸준히 강조하고 있어요. 이에 그치지 않고 일주일에 1시간씩 코딩을 배우자는 '아워 오브 코드(Hour of Code)' 캠페인도 진행했어요. 모든 학생이 컴퓨터 코드를 배워 직접 프로그램을 만들고 활용할 줄 알아야 한다는 취지의 캠페인으로, 미국 내에서 이미 하나의 사회적 흐름으로 자리 잡았답니다. 이러한 세계적 흐름에 발맞춰 한국도 소프트웨어 교육을 2018년 중학교 1학년부터 의무화된 데 이어 2019년에는 초등학교 5~6학년으로 확대했어요. 또한, 2025년부터는 AI 교육을 초·중·고교에 정식 도입하고 안착시킬 계획이에요. 온 세상이 4차 산업혁명 시대, 소프트웨어의 시대에 대비해 코딩을 꼭 배워야 한다고 외치고 있는 상황이죠.

코딩이란 무엇일까요?

코딩이란 컴퓨터가 알아들을 수 있는 언어인 '코드'를 사용해 프로그램을 만드는 과정을 말해요. 필요나 욕구에 따라 자발적으로 움직이는 인간과 달리 컴퓨터는 원하는 것도 없고 욕구도 없어요. 절대 스스로 움직이지 않아요. 목적과 과정에 대한 정확한 명령이 있어야만 작동합니다. 컴퓨터가 알아듣게 얘기를 하려면 그들의 세계에서 통하는 언어를 사용해야 하는데, 이 언어가 바로 코드에요.

코딩 교육은 컴퓨터 프로그램을 직접 만들어내는 능력을 키우는 데도 도움이 되지만, 복잡한 문제를 논리적으로 단순화하여 해결하는 컴퓨

터적 사고를 높이는 데에도 많은 도움이 된답니다. 즉, 코딩은 어떤 문제를 해결하기 위한 절차나 방법을 가르치는 '컴퓨터 사이언스'라고 할 수 있지요.

산업혁명 당시 일반인에 대한 수학 교육의 필요성에 회의적인 반응을 보이는 사람들이 있었듯이, 컴퓨터 프로그래밍 교육의 필요성에 대해서도 부정적인 시각으로 바라보는 이들이 적지 않아요. 그러나 산업혁명에 따른 산업화 시대로의 흐름을 막을 수 없었듯, 디지털 혁명에 따른 소프트웨어 시대로의 흐름을 막을 수는 없어요. 지금 우리가 소프트웨어를 이해하지 못한다면 이 거대한 흐름에 무방비 상태로 떠밀려 다니다가 결국 낙오될 수밖에 없을테니까요. 소프트웨어 시대를 살아가려면 소프트웨어를 배워야 해요. 프로그래머로서 전문적인 수준이 아니라 누구나 소프트웨어를 만들 수 있는 시대에 대비하는 기본적인 수준의 능력이 요구되는 것이죠. 컴퓨터를 모르고 사는 것이 삶의 질을 떨어트리는 일인 것

과 마찬가지로, 앞으로 소프트웨어의 장악력이 더욱 커지면 소프트웨어와 코딩 능력은 삶의 질을 좌우하는 지표가 될 수 있어요.

그러므로 삶을 더욱 윤택하게 하려면 어느 정도는 소프트웨어와 코딩을 이해하고 만들어내는 능력을 키울 필요가 있답니다. 그래야 미래를 두려움이 아닌 기대감으로 맞이할 수 있고, 더 나아가 지금까지 상상할 수 없었던 새로운 기회를 얻을 수 있을테니까요.

10초 리캡차

"피라미드 건설, 파나마 운하, 달 착륙….
생각해보면 인류의 거창한 업적들은
한 사람이 아니라 모두가 협력해서 한 일이죠."

– 루이스 폰 안(리캡차 개발자)

EBS 〈10초 리캡차〉
영상 보기

너도 해봤을 거야.

이런 문자

구불구불하고 왜곡된 문자열

매번 치느라고 짜증, 짜증

이것은 캡차(CAPTCHA)

컴퓨터 자동가입 방지 프로그램이지.

사용자가 사람인지 컴퓨터 프로그램인지

확인하는 거야.

이를 통해 광고물도 막고

이메일 주소도 보호하지.

전 세계 매일 2억 명

캡차하는 데 걸리는 시간

평균 10초

이를 계산하면 무려 50만 시간이 넘지.

이 시간을 인류를 위해 쓸 수는 없을까?

오래된 책
인류에게 너무도 소중한 유산들
이것들을 모두 디지털 문서로 남겨놓으면 어떨까?

디지털화하려면 먼저 책을 스캔해야 해.
스캔한 글자 이미지를
컴퓨터가 다시 읽어내 디지털화하는 거지.

그런데 잉크가 바래고
종이가 노랗게 변한 어떤 글자들은
컴퓨터가 제대로 읽어내지 못해.
일일이 사람이 구별해야 하지.

그 인력, 돈, 시간...
불가능하지.

그래서 생각해낸 거야.

전 세계 2억 명이 함께 하면
가능하지 않을까?

입력하는 글자 둘 중 하나는
기존의 자동가입 방지 기능
또 다른 하나는
컴퓨터가 읽지 못한 글자

이것이 바로 리캡차

사실 너는 10초 동안
컴퓨터가 읽지 못한 글자들을
입력하고 있었던 거야.

컴퓨터가 사람들에게
풀어야 할 문제를 제시하고
사람들의 답안을 수집, 해석, 통합하는 리캡차

리캡차로 입력한 단어 수
하루에 약 1억 개
이 단어로 만들 수 있는 책이

일 년에 250만 권이야.

기발한 아이디어 리캡차는
다양한 이름의
프로젝트 구텐베르크에 활용되고 있어.

프로젝트 쿠텐베르크는
인류에게 중요한 자료를 모아서
전자정보로 저장하고 배포하는 프로젝트지.

플라톤의 <향연>부터
최근 발표된 과학논문까지
어디서든 쉽게
누구나 열람할 수 있도록 말이야.

이용료?
물론 다 공짜야.

그러니
네가 버린 그 10초
자랑스러워해도 돼.

사람과 컴퓨터를 구별하는 보안 기술, 캡차

인터넷 사이트에 회원 가입을 하려 할 때 왜곡되고 찌그러진, 의미를 알 수 없는 문자를 입력해본 경험이 있을 거예요. 아무 생각 없이 혹은 귀찮다고 생각하며 입력했을 그 문자는 컴퓨터 프로그램이 낸 일종의 시험 문제로, '캡차(CAPTCHA)'라고 해요. 이 문제를 맞히면 사람, 맞히지 못하면 컴퓨터, 즉 기계로 인식되죠.

'**C**ompletely **A**utomated **P**ublic **T**uring test to tell **C**omputers and **H**umans **A**part(사람과 컴퓨터를 구별하기 위한 자동 테스트)'의 앞글자를 딴 캡차는 말 그대로 사용자가 사람인지 컴퓨터인지 구분해주는 보안 프로그램입니다. 과테말라 출신의 기업가이자 미국 카네기멜론대학교 컴퓨터공학과 교수인 루이스 폰 안(Luis von Ahn)이 2000년 카네기멜론대학교 소속 연

루이스 폰 안

구원이던 시절 연구팀과 함께 개발했어요.

캡차는 악의적으로 사용되는 컴퓨터 프로그램인 봇(Bot)을 차단하기 위해 만들어졌어요. 봇은 특정 작업을 반복 수행하는 프로그램으로, 2~3분 만에 수천 개의 e메일 계정을 만들어낼 만큼 작업 속도가 빠릅니다. 봇의 이러한 특성을 악용해 부당한 이익을 취하려는 사람들이 늘어나자 인터넷 서비스 업체들은 이를 막기 위해 노력했어요.

그중 미국의 다국적 인터넷 포털 사이트 기업 야후(Yahoo)가 카네기멜론대학교 연구팀에 이메일 계정 자동등록 방지 기술을 개발해달라고 의뢰했고, 이때 캡차가 개발되었어요.

캡차의 원리

캡차의 원리는 간단합니다. 임의의 문자, 숫자 등을 이용해 만든 문자열을 살짝 왜곡하여 사용자에게 제시한 후 이를 옳게 입력했는지를 보

는 것이죠. 옳게 입력한 경우에만 봇이 아니라 사람으로 판단하고 캡차 시스템을 통과시킵니다.

봇은 사람과 달리 찌그러지고 왜곡된 문자를 정확하게 인식하지 못하기 때문이에요. 따라서 단순하게 왜곡된 문자열을 제시하는 것만으로도 스팸을 보내거나, 자동가입을 시도하거나, 이메일 주소 및 사용자의 개인정보를 해킹하는 등 악의적으로 사용되는 봇을 차단할 수 있어요.

캡차는 초기부터 무료로 제공되었고 워드프레스, 펄, 파이썬, 자바, PHP 등 다양한 환경을 지원했어요. 누구나 쉽게 설치해서 사용할 수 있었기 때문에 많은 기업이 캡차를 도입했고, 날로 인기가 높아졌죠. 많은 곳에서 사용되면서 그 모습도 날로 진화했는데요. 단순히 왜곡된 문자열을 제시하고 답을 요구하는 수준을 넘어 찌그러진 숫자를 이용해 간단한 사칙연산 문제를 내는 캡차도 등장했어요. 또한 앞을 보지 못하는 시각장애인들을 위해 오디오 캡차도 개발되었죠. 임의의 알파벳과 숫자를 읽어주고 입력하게 하는 방식이에요. 이때 잡음이 살짝 들리는데, 그 잡음은 사람과 기계를 구분하기 위해 일부러 삽입한 것이에요.

이 외에 해외 스팸 발송자들을 막기 위해 한글을 섞은 캡차도 만들어졌고, 사진이나 그림 이미지를 제시하고 답을 요구하는 이미지 캡차도 등장했습니다. 움직이지 않는 이미지뿐만 아니라 움직이는 이미지를 이용한 캡차도 개발 중이에요.

캡차 프로그램의 원리

1. 임의의 문자, 숫자를 가져와 살짝 왜곡하여 컴퓨터가 자동으로 인식하기 어려운 상태로 만든다.
2. 왜곡된 문자열을 화면에 제시하여, 사용자가 읽고 그대로 입력하게 한다.
3. 제시한 문자열과 사용자가 입력한 문자열이 일치하면 사람으로 판단한다.

세계인이 만드는 10초의 기적, 리캡차

캡차는 출시된 지 몇 년도 지나지 않아 전 세계에서 매일 2억 개에 이르는 문자열이 입력될 정도로 급성장했어요. 이처럼 캡차가 활성화되자 루이스 폰 안은 사람들이 문자열을 입력할 때마다 낭비하는 시간을 아깝게 느꼈고, 이 시간을 유용하게 쓸 방법을 고민했어요. 사용자가 한 번 캡차를 입력할 때 드는 시간은 10초 정도에 불과하지만, 매일 2억 개

에 이르는 문자열이 입력된다는 점을 고려하면 매일 50만 시간이 캡차 문제를 푸는 데 소비되기 때문이죠.

50만 시간은 일수로 계산하면 약 2만 833일, 연수로 계산하면 약 57년에 이르는 엄청난 시간이에요. 루이스 폰 안은 이 시간을 잘 활용하면 인류에 도움이 되는 일을 할 수 있으리라고 생각했어요. 카네기멜론대학교 연구팀이 함께 고민한 끝에 생각해낸 아이디어가 오래된 문서를 복원하는 작업에 캡차를 이용하는 것이었죠. 그렇게 탄생한 시스템이 '리캡차(reCAPTCHA)'입니다.

종이로 된 고문서를 디지털화하려면 스캔을 해야 하는데, 이때 사용되는 기술이 '광학식 문자 인식(OCR: optical character recognition)'이에요. 사람이 쓰거나 기계로 인쇄한 문자의 영상을 이미지 스캐너로 스캔하여 기계가 읽을 수 있는 문자로 변환하는 방식이죠. 그런데 이 기술에는 치명적인 단점이 있어요. 최근에 만들어진 문서는 스캔하는 데 별문제가 없지만 문서가 오래되어 색깔이 바래거나 잉크가 날아가 희미해진 글자는 스캔이 잘 되지 않는다는 것이에요.

연구 결과에 따르면, 출간된 지 50년이 지난 책을 OCR로 스캔했을 때 인식하지 못하는 비율이 30%에 이른다고 해요. 고문서를 온전하게 디지털화하려면 나머지 글자를 사람이 일일이 파악해야 하는데, 워낙에 방대한 양이기 때문에 어마어마한 인력과 돈, 시간이 소요됩니다.

고문서를 디지털화하다

리캡차 연구팀은 OCR이 인식하지 못한 글자를 캡차 문자열과 함께 제시하여 고문서를 복원하는 데 쓰이도록 만들었어요. 예를 들어 한 웹사이트에 회원 가입을 한다고 합시다. 이때 스팸 활동이나 해킹 등을 막는 캡차 문자열이 뜨는데, 리캡차 시스템은 여기에 문자 하나 더 제시해요. 바로 OCR이 인식하지 못한 문자열입니다. 즉, 리캡차는 사용자에게 2개의 문자열을 보여주고 입력을 유도하는 시스템이에요. 여기서 첫 번째 문자열은 사용자가 로봇인지 사람인지 구분하기 위해 제시하는 것이고, 두 번째 문자열은 고문서를 디지털화하기 위한 것입니다.

그런데 두 번째 문자열은 OCR이 인식하지 못한 고문서의 이미지를 스캔해 보여주기 때문에 때로는 사람조차 제대로 읽을 수 없는 경우가 있어요. 이 문자열을 올바르게 입력하지 못한다고 해서 회원 가입이 불가능한 것은 아니에요. 리캡차 시스템은 첫 번째 문자열을 올바르게 입력하면 자동으로 두 번째 문자열도 바르게 입력했다고 판단하기 때문이에요.

그렇다면 고문서를 디지털화하는 데 오답을 사용한다는 말일까요?

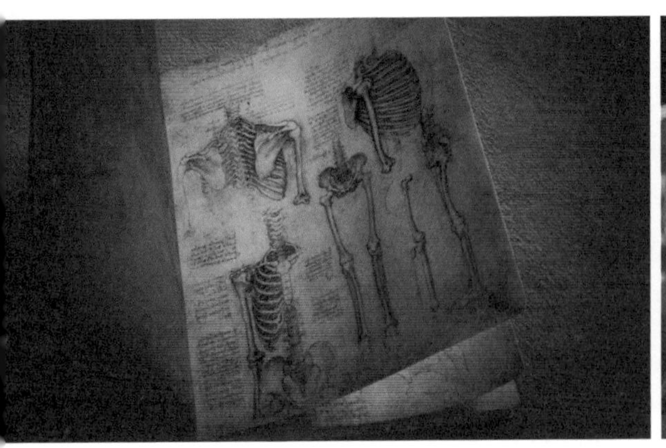

이에 대해 크게 염려할 필요는 없어요. 리캡차는 통계적으로 대중 다수가 입력한 문자를 답으로 인정하여 고문서 디지털화 작업에 적용하기 때문이죠.

리캡차 연구팀의 통계 자료에 따르면 2011년 기준 리캡차를 도입한 웹사이트는 약 35만 개에 이르고, 이를 통해 매일 약 1억 개의 단어가 디지털화된다고 해요. 이 단어를 모두 모으면 연간 250만 권의 책이 나오는 분량이 됩니다.

지금 이 순간에도 지구촌에 사는 수많은 사람이 리캡차를 통해 연간 250만 권의 책을 복원하는 대규모 프로젝트에 동참하고 있어요. 자신도 모르는 사이에 인류에 공헌하는 셈이죠. 캡차 문제를 푸는 데 그냥 버려지는 시간 10초를 어떻게 하면 가치 있는 일에 쓰이게 할 수 있을까 하는 고민. 이것이 바로 인

마이클 하트

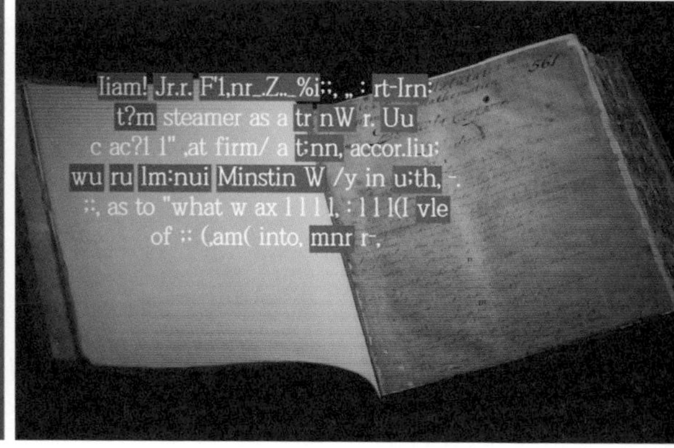

간 중심의 컴퓨터적 사고, 코딩적 사고입니다. 이러한 사고가 오프라인에서는 이루어지기 힘든 기적을 만들어내고 있어요.

인류를 위한 무료 가상 도서관, 프로젝트 구텐베르크

전자책을 처음 개발한 마이클 하트(Michael S. Hart, 1947~2011)는 1971년 일리노이대학교 학생이던 시절, 아주 특별한 도서관을 꿈꾸었어요. 인터넷에 디지털화된 책을 저장해놓고 언제 어디서든 누구나 쉽게 무료로 내려받아 읽을 수 있는 가상 도서관, 바로 전자책이 가득한 도서관이었습니다. 이후 실제로 무료 온라인 도서관을 구축하는 작업에 돌입하면서 '프로젝트 구텐베르크'라는 이름을 붙였어요.

금속활자를 발명한 요하네스 구텐베르크(Johannes Gutenberg, 1397~1468)에서 따온 것이죠. 구텐베르크가 금속활자를 통해 지식의 전달을 급속도로 확산시켰듯 그 역시 네트워크를 통한 지식의 전파를 꿈꾸었습니다.

누구나 무료로 이용하는 가상 도서관을 만들기 위해 시작된 만큼, 프로젝트 구텐베르크는 인터넷을 통해 수많은 자원봉사자가 기여하는 방식으로 진행되었어요. 점점 규모가 커진 이 프로젝트는 현재 방대한 양의 전자책과 전자문서를 보유하고 있으며 매주 50여 권의 전자책이 새롭게 등록되고 있답니다.

프로젝트 구텐베르크는 저작권에 구애받지 않는 책과 문서만을 서비스하기 때문에 사용자는 별도의 가입 절차 없이 방대한 양의 전자책과 문서를 무료로 내려받아 읽을 수 있어요. 다만 컴퓨터, 아이패드, 킨들, 안드로이드 등에서 읽을 수 있는 전자책을 제공하기 때문에 원하는 책과 함께 파일의 종류를 선택한 후 내려받아야 합니다.

종이문서의 디지털화가 가지는 의미

프로젝트 구텐베르크를 통해 전자출판 시대를 열고 글로벌 디지털 도서관의 초석을 마련한 마이클 하트는 2011년에 세상을 떠났어요. 그러나 그의 업적은 수많은 사람에게 영감을 주어 현재 다양한 이름의 프로젝트 구텐베르크가 진행 중입니다. 특히 인터넷 검색 서비스 기업들이 종이책과 문서를 디지털화하는 작업을 활발하게 전개하고 있는데, 종이문서의 디지털화는 곧 검색 가능한 정보의 양이 확대되는 것을 의미해요.

그 대표적인 기업이 세계 최대의 인터넷 검색 업체 구글(Google)입니다. 오래전부터 구글은 옥스퍼드대, 미시간대, 하버드대, 뉴욕시립도서관 등에 소장된 책들을 디지털화하는 '구글 북스 라이브러리 프로젝트'를 진행해왔어요. 2009년에는 리캡차를 인수하여 어떤 웹사이트에서든지 리캡차를 무료로 사용할 수 있도록 했습니다.

이를 통해 수많은 사람이 리캡차의 두 문자열을 입력하는 데 사용하는 10초의 시간을 웹 보안에 이용할 뿐만 아니라 자신들의 가상 도서관 구축 프로젝트에도 활용하고 있어요. 더 나아가 온라인 3차원 사진 지도 서비스인 '구글 스트리트뷰(Google Street View)'에도 이용하고 있죠.

구글은 이 웹 지도 서비스를 제공하기 위해 실제 공간을 촬영하는데, 표지판 등에 쓰인 글자 중에 컴퓨터가 인식하지 못하는 경우가 적지 않아요. 이런 이미지를 리캡차 문제로 제시하여 지도 속 불명확한 문자를 보완하는 것입니다.

과거 이집트의 피라미드나 파나마 운하 공사처럼 대규모의 인력을 필요로 하는 일을 인터넷 세상에서는 이렇게 간단한 소프트웨어 프로그램 하나로 아주 쉽게 해결하고 있답니다.

21세기 갈릴레오

"모든 것을 아는 사람은 없지만
누구나 무엇인가를 알고 있기 때문에
완전한 지식은 인류 전체에 퍼져 있다."

– 피에르 레비(미디어 철학자, 사회학자)

EBS 〈21세기 갈릴레오〉
영상 보기

1601년

갈릴레오가
천문학자인 케플러에게 보낸
수수께끼 같은 문장

Haec immatura a me jam frustra leguntur, o.y
"나는 이것들을 헛되이 너무 일찍 읽었다."
↓
Cynthaie figuras aemulatur mater amorum
"금성도 달처럼 일정한 주기로 형태가 변한다."

철자를 재배열하면
다른 문장이 되는

애너그램으로 된 암호 편지

금성이 태양을 공전한다는 증거로서
천동설을 뒤집는 결정적인 발견

당시에는
남의 아이디어를 훔치는 일이 많았고
최초의 발견자가 누구인지 밝히는 것이
중요한 과제였다.

갈릴레오의 애너그램은
자신의 발견임을 증명하기 위한
대비책이었다.

그로부터 몇십 년 후

1665년
첫 번째 과학 저널 탄생

과학 저널에 이름이 게재되자
자신의 발견을 더 이상
숨길 이유가 없어졌다.

21세기 갈릴레오들은
아이디어를 뺏길까 두려워하지 않는다.

그리고

285개국 언어,
3억 6,500만 명의 독자,
500만 명의 편집인

위키피디아
Wikipedia
[wikiwiki(하와이어 '빨리빨리') + encyclopedia('백과사전')]

'인류의 모든 지식을 모든 이에게'

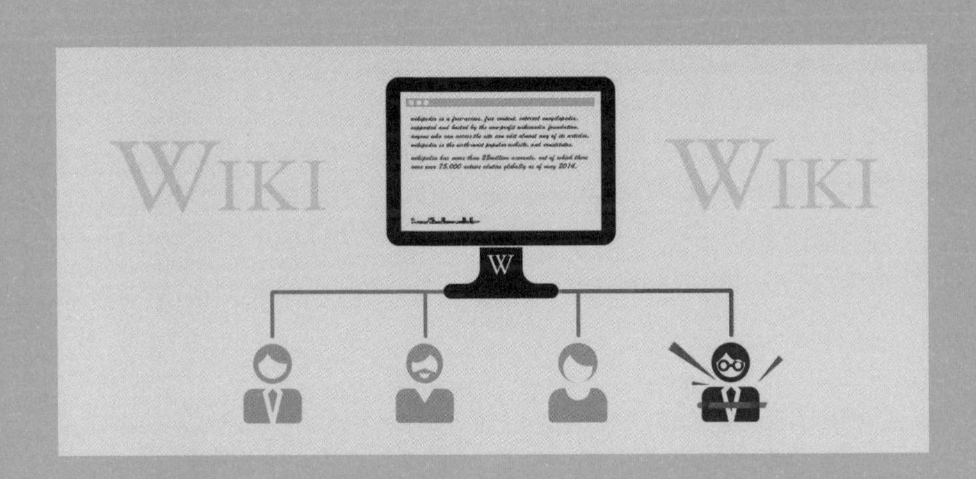

모든 사람이 쓰고
모든 사람이 편집한다.

수많은 네티즌이 번갈아가며
빈칸을 채우고
내용을 수정하면서 키워온

인터넷 백과사전

과연 신뢰할 수 있는가?

영어 단어 수록 건수

위키피디아, 브리태니커의 3배

– 2004년 영국 〈파이낸셜타임즈〉

한 문서당 오류 건수

브리태니커 3개, 위키피디아 4개

– 2005년 〈네이처〉 비교 실험

240여 년 역사의 백과사전을 넘어서다.

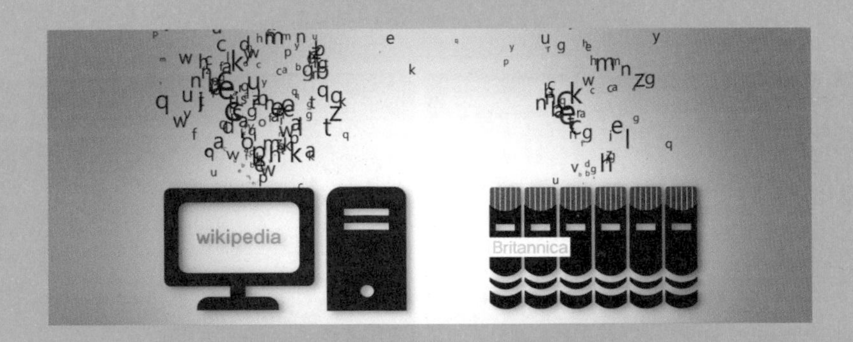

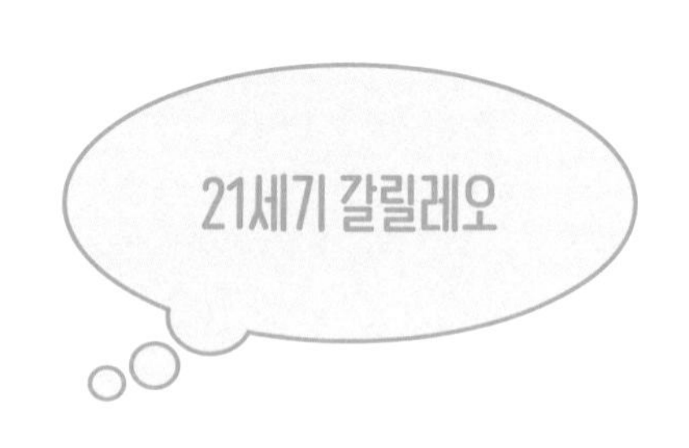

2400여 년 된 백과사전을 이긴 온라인 백과사전, 위키피디아

백과사전(百科事典)을 한자 그대로 풀이하면 '모든 분야에 관한 사항을 총망라한 책' 정도쯤 될 거예요. 실제로 백과사전은 오랫동안 인간이 만들어낸 방대한 지식의 덩어리, 즉 모든 지식을 의미했어요. 시대에 따라 편찬 목적은 다양했지만 가능한 한 많은 지식을 한곳에 모아 여러 사람이 그 지식을 누리게 한다는 공통적인 본질에서 출발했어요. 그리고 백과사전은 지식의 대중화 시대를 여는 데 결정적인 역할을 했습니다.

240여 년간 많은 백과사전 가운데 구조와 내용에서 가장 뛰어난 백과사전으로 인정받으며 인류에게 큰 사랑을 받은 것은《브리태니커 백과사전》이에요. 그러나 2012년, 세상에 태어난 지 244년 만에 종이책《브리태니커 백과사전》은 간행이 중단되었어요. IT 기술의 발달로 지식 환경이 변했기 때문입니다. 컴퓨터가 널리 보급되고 인터넷이 활성화되는 등 세상이 디지털화되면서 수많은 지식이 홍수처럼 쏟아져 나오고, 인터넷을 통해 누구나 쉽게 정보를 찾아볼 수 있는 환경으로 바뀌었어요. 이 변화에 적절하게 대응하지 못한 종이책《브리태니커 백과사전》은 쇠락의 길을 걸었지요.

반면 2001년 1월 세상에 등장한 '위키피디아[wikipedia, wikiwiki(하와이말 '빨리 빨리') + encyclopedia('백과사전')]'라는 이름의 백과사전은 무서운 속도로 성장했어요. 출범한 지 5년이 지난 무렵에는《브리태니커 백과사전》의 정보량을 뛰어넘었지요. 연구 자료에 의하면 2007년 기준 위키피디아는 253가지 언어로 모두 820만 건의 주제어가 등재된 거대한 지식창고로 성장했어요.

500만 명이 편집인으로 참여

위키피디아가 단시간에 브리태니커를 능가하는 가장 크고 대중적인

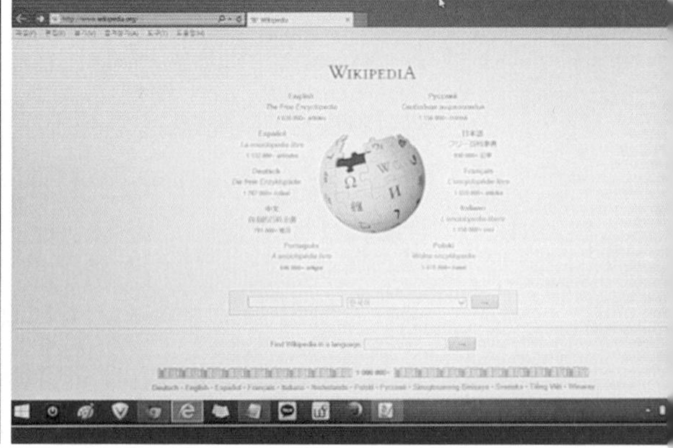

백과사전이 될 수 있었던 것은 지식을 담는 매체가 '종이'가 아닌 '인터넷'이라는 점이 큰 이유였어요. 그리고 집필과 편집을 하는 주체가 '각계의 전문가와 백과사전 편찬자'가 아니라 '독자'였다는 점도 빼놓을 수 없지요. 위키피디아에서는 독자들이 직접 인터넷 사이트를 통해 자유롭게 저술하고 편집함은 물론, 수정과 보완 작업까지 진행했어요.

즉, 위키피디아는 누구나 지식과 정보를 올리고 편집할 수 있는, 거대한 집단이 함께 만들어가는 온라인 백과사전입니다. 자료에 따르면 2007년 기준 무려 500만 명이 위키피디아의 편집인으로 참여한 것으로 나타났어요. 편집진은 이후에도 계속 늘어나 위키피디아에는 지금 이 순간에도 어마어마한 지식과 정보가 새롭게 등록되고 있어요.

이처럼 기존에 볼 수 없었던 획기적인 백과사전 웹사이트를 세계 최초로 설립한 사람은 미국의 인터넷 사업가 지미 웨일스(Jimmy Donal Wales)입니다. 그런데 처음부터 그가 누구나 쓰고 편집할 수 있는 온라인 백과사전을 만들겠다는 생각을 가지고 사업을 시작한 것은 아니었어요.

처음 그는 기존에 종이 백과사전을 만들던 방식대로 각 분야의 전문가들이 편집진으로 참여하는 온라인 백과사전, 즉 전문가 사이의 상호 리뷰에 기반을 둔 온라인 백과사전을 만들고자 했어요. 그러나 신뢰성에 집중한 나머지 갱신 속도가 너무 느렸죠.

당시 '누피디아(Nupedia)'라는 이름의 이 백과사전에 하나의 항목을 등록하려면 전문가들에 의한 7단계 검토·승인 작업을 거쳐야 했으니까요. 그러다 보니 누피디아는 자연스럽게 도태되었고, 결국 폐쇄되기 직전에 이르렀답니다.

그러던 와중에 당시 누피디아의 책임 편집자였던 래리 생어(Larry Sanger)가 전문가들의 검토·승인 과정을 생략하고 누구라도 글을 올리고 편집할 수 있도록 하자는 아이디어를 제시했어요. 이에 동감한 웨일스가 웹사이트 방문자들에게 집필, 편집의 권한을 주고자 했지만 편집자들의 내부 반발이

래리 생어

만만치 않았어요.

네티즌들이 글을 올리고 편집하게 하면 백과사전의 완결성이 훼손될 수 있다는 이유였죠. 이에 웨일스는 따로 위키피디아를 설립해 사업을 시작했고, 이후 위키피디아는 폭발적으로 성장해 전 세계에 3억 6,500여만 명에 달하는 독자를 보유한 백과사전이 되었답니다.

웹이 창조한 공유의 힘, 집단지성

브리태니커가 세상의 변화에 마냥 손을 놓고 있었던 것은 아니었어요. 1990년대 후반부터는 인터넷판 백과사전인 '브리태니커닷컴'을 만들어 운영해왔어요. 그럼에도 같은 인터넷 기반의 백과사전인 위키피디아에 허무하게 추격당한 이유는 단순히 기존의 종이책에 있던 정보를 그대로 인터넷으로 옮겨놓은 것뿐이었기 때문입니다. 즉, 정보와 지식을 담는 매체만 '종이'에서 '인터넷'으로 바뀌었을 뿐 집단지성의 강력한 힘이 발현되지 않는 백과사전이었죠.

집단지성이란 '다수의 사람이 서로 협력하거나 경쟁하는 과정을 통하여 얻게 되는 집단의 지적 능력'을 의미하는 말로, 개인은 미력하지만 집단은 강하다는 대전제를 가지고 있어요.

집단지성의 개념을 처음 제시한 사람은 미국의 곤충학자 윌리엄 모턴 휠러(William Morton Wheeler)이에요. 그는 1910년에 출간한 저서 《개미: 그들의 구조·발달·행동(Ants: Their Structure, Development, and Behavior)》에서 각각의 개미는 힘이 약하지만 군집을 이루어 협업하면

윌리엄 모턴 휠러

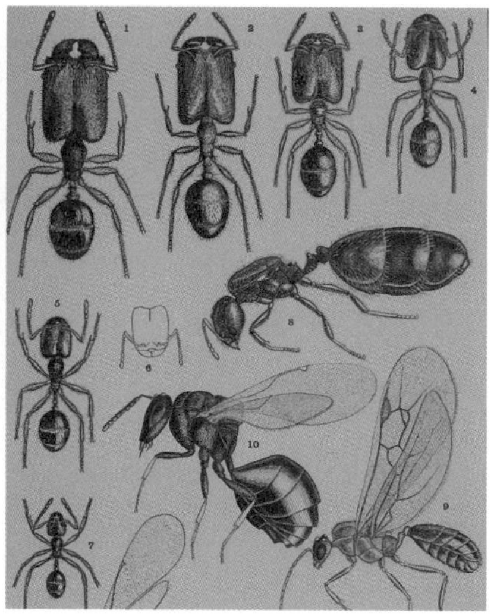

거대한 개미집을 만들 수 있을 만큼 높은 지능체계를 형성한다고 설명했어요.

실제로 흰개미 한 마리는 집을 지을 만한 지능이 없어요. 하지만 수만 마리가 집단을 이루면 역할이 서로 다른 개미들이 상호작용을 함으로써 진흙이나 나무를 침으로 뭉쳐 거대하고 정교한 집을 만들죠.

휠러가 집단지성의 개념을 세상에 소개한 이후 여러 사람이 이에 대한 연구에 뛰어들었어요. 그중 가장 대표적인 인물이 프랑스의 사회학자이자 미디어 철학자인 피에르 레비(Pierre Levy)입니다. 1997년 그는 '모든 것을 아는 사람은 없지만 누구나 무엇인가를 알고 있기 때문에 완전한 지식은 인류 전체에 퍼져

피에르 레비

있다'라는 관점에서 집단지성의 중요성을 강조하며 사이버 공간에서의 집단지성을 제시했어요.

그는 누구나 자신의 사이트를 가지고, 커뮤니케이션을 통해 지식과 정보를 공유할 수 있게 되면 인류가 풀지 못한 많은 어려운 문제를 해결할 수 있다고 주장했습니다.

미국의 경영 칼럼니스트인 제임스 서로위키(James Surowiecki)도 집단지성의 개념을 탐구한 대표적인 인물 중 하나에요. 그는 집단지성을 '대중의 지혜'라고 명명하고, 다양한 문제가 주어졌을 때 한 개인이 집단보다 일관되게 나은 결과를 내놓을 가능성은 거의 없다고 했어요.

또한 특정 조건에서 집단 전체는 집단에 속한 가장 우수한 사람보다 현명하고 지능적이기 때문에 지적 능력이 뛰어난 사람들이 집단을 지배해야 할 이유가 없다고 주장했어요. 요컨대 그의 말은 각각의 개인은 불완전한 판단을 내리지만, 이를 적절한 방법으로 합치면 집단의 지적 능력이 발휘되어 놀라운 결과를 만들어낼 수 있다는 것이에요.

세계 곳곳의 사람들이 쉽게 지성을 모을 수 있는 공간, 인터넷

집단지성은 사람들이 서로 다른 아이디어를 공유하고 자유롭게 결합하기 쉬운 환경에서 활발하게 발현됩니다. 인터넷은 전 세계 컴퓨터가 서로 연결되어 정보와 지식을 교환할 수 있는 거대한 컴퓨터 통신망으로 집단지성을 발현할 수 있는 훌륭한 도구에요. 실제로 인터넷이 활성화되

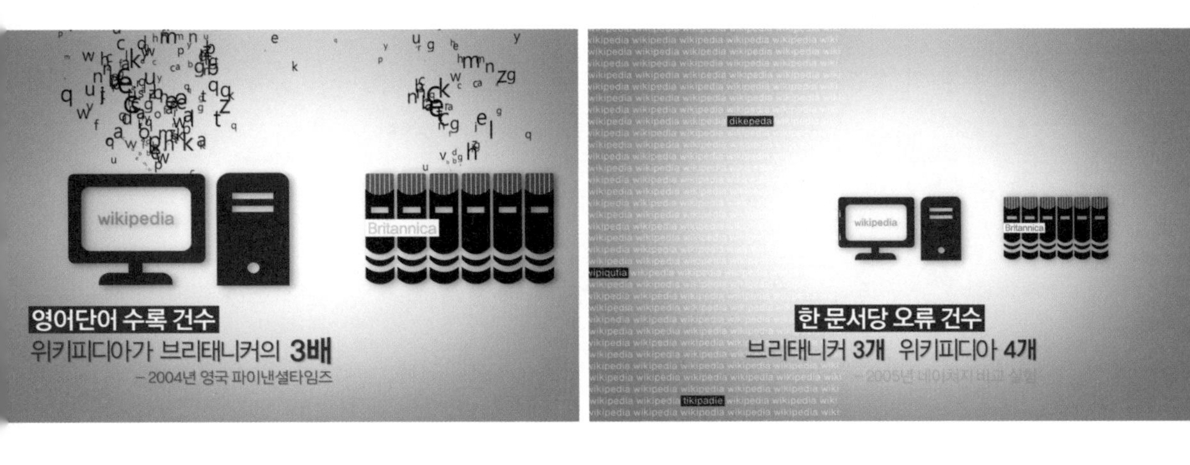

면서 집단지성이 본격적으로 나타나기 시작했어요.

위키피디아는 인터넷을 기반으로 집단지성을 발현시켜 괄목할 만한 성과를 이룬 대표적인 예라고 할 수 있어요. 세계 곳곳의 사람들이 쉽게 지성을 모을 수 있는 사이버 공간인 인터넷이 없었다면 위키피디아는 지금 세상에 존재하기 어려웠을 거예요. 인터넷을 통해 수많은 사람이 글을 올리고 지속적으로 수정·보완하는 과정에서 끊임없이 지식이 축적되면서 위키피디아는 짧은 시간 안에 백과사전의 대명사인 브리태니커를 제치고 가장 크고 대중적인 백과사전으로 자리매김했어요.

그런데 이러한 현상에 대해 적지 않은 사람들이 부정적인 견해를 보이고 있어요. 예를 들어 미국 켄트주립대학교 정치학과 교수인 데니스 하트(Dennis Hart)는 집단지성의 대표적인 사례로서 위키피디아를 강력하게 비판하며 집단지성의 위험성을 경고했어요.

그는 위키피디아가 고의로 문서를 훼손하거나 저작권을 침해하는 등의 문제를 방지하기 위해 원칙으로 내세우고 있는 '개인적 관점의 배제'를 위키 신봉자들은 '객관적'이라는 말과 동일시하고 있다고 지적하고, 이는 다수 지배집단이 원래부터 공유하는 편견을 객관적인 사실로 포장하는 것에 지나지 않는다고 말했어요. 그러면서 '모든' 시각과 측면을 고려한 사실의 전달은 현실적으로 불가능하며, 설혹 가능하다고 해도 특정 논의에 대해 모든 입장과 시각이 완전히 고려되었는지 어떻게 판단할 수 있느냐는 물음을 던졌어요.

특히 그는 위키피디아 영어판의 경우 대부분의 편집자가 18~30살의 백인 남성이라는 점을 들며, 이들이 다수결로 만드는 지식이 모든 입장과 시각을 고려한 지식이라고 볼 수 있는지 의문을 제기했어요. 이러한 점을 고려할 때 위키피디아가 부정확한 정보를 무책임하게 제공하고 있다고 결론을 내렸어요.

위키피디아는 종이 백과사전의 대명사인 브리태니커에 버금가는 신뢰도를 확보

실제로 위키피디아는 전문가든 비전문가든 웹에 접속한 익명의 모든 방문자가 자유롭게 글을 올릴 수 있기 때문에 사이트에 등록되는 지식과 정보에 대한 객관성과 신뢰성을 어떻게 확보할 것인가가 초창기부터 제기된 숙제였어요. 그러나 집단지성이 편집과 재편집을 통해 정보를 정제하고 다듬으면서 위키피디아는 종이 백과사전의 대명사인 브리태니커에 버금가는 신뢰도를 확보하게 되었어요.

2005년 세계적인 과학 전문 잡지 〈네이처(Nature)〉가 42명의 과학자에게 위키피디아와 브리태니커의 문서를 읽은 다음 오류를 찾게 했습

니다. 그 결과 브리태니커는 한 문서당 3개, 위키피디아는 4개의 오류가 발견되었어요. 이 실험을 통해 완벽한 정보를 제공한다고 자부했던 브리태니커의 자존심은 손상되었고, 부정확한 정보를 제공한다며 논란이 끊이지 않았던 위피키디아는 브리태니커와 비슷하게 정확한 정보를 제공한다는 점을 입증했어요.

그럼에도 위키피디아가 객관성과 신뢰성이 확보되지 않은 정보를 제공한다는 논란은 여전히 계속됐어요. 이 논란을 잠재우기 위해 위키피디아는 2005년 12월부터 언제든지 고칠 수 있는 항목 수정의 권한을 제한하는 정책을 시행했어요. 나아가 2009년부터는 고의로 특정 인물(특히 생존 인물)을 음해하기 위해 거짓 정보를 올리는 일부 이용자의 정보를 차단하기 위해 편집자 승인을 거쳐 정보를 게재하는 '사전 검토제'를 도입했습니다. 그러나 이러한 조치는 '개방성'이

라는 위키피디아의 본질과 모순된다는 거센 반론을 불러일으켰어요. 이처럼 개방성과 신뢰성 사이에서 위키피디아의 고민은 점점 깊어지고 있답니다.

이제 거스를 수 없는 시대의 흐름이 되어버린 집단지성

그러나 IT 기술이 발달하여 더 많은 사람들이 집단지성에 참여할 수 있게 되면서 이러한 문제는 조금씩 해결되고 있어요. 인터넷이라는 온라인 도구는 수많은 사람의 지성을 결집시키고 이들이 각자 가지고 있는 전문성이 가장 잘 활용될 수 있도록 재구조화함으로써 신뢰성을 획득하기 때문이에요. 그리고 때로는 소수의 전문가보다 나은 판단을 하기도 하죠. 물론 객관성과 전문성을 확보하는 것은 필수적인 과제입니다.

또 익명성을 악용해 문서를 훼손하거나, 거짓 정보 또는 음란물을 유포하거나, 특정인의 명예를 훼손하는 등 인터넷 질서를 파괴하는 일부 이용자의 잘못된 정보를 차단해야 하는 문제가 있는 것도 사실이에요.

하지만 인터넷을 기반으로 한 집단지성은 점점 똑똑해지고 영향력이 커지고 있어요.

이에 따라 현재 교육, 학습, 경제, 기업, 정치, 리더십 등 다양한 분야에서 집단지성에 대한 논의가 적극적으로 이루어지고 있고 이 힘을 활용하려는 시도가 활발하게 전개되고 있어요. 즉, IT 기술, 소프트웨어 기술의 발달로 집단지성은 이제 거스를 수 없는 시대의 흐름이 되었답니다.

중세 시대 과학 저널의 등장은 자신의 지식을 공개·공유하는 것에 폐쇄적이었던 과학자들의 태도를 바꿔놓았어요. 마찬가지로 초현실주의적인 커뮤니케이션 공간을 제공하는 IT 기술은 대중이 무료로 자기 지식을 주는 시대로의 변화를 촉진하고 있어요. 따라서 대중이 자발적으로 자신의 지식을 공개·공유하게 하는 것은 큰 경쟁력이 될 수 있어요.

이러한 점에서 집단지성을 발현할 수 있는 프로그램을 만드는 능력, 즉 코딩 능력은 지식의 공유가 더욱 활발해질 소프트웨어 시대, 디지털 시대를 눈앞에 둔 우리에게 점점 더 중요해지고 있답니다.

생명을 구하는 문자

“컴퓨터와 정보통신은 수많은 국가에서
어려운 문제를 해결하는 데
효과적으로 사용되고 있습니다.
여러분이 코딩을 배우면
더 좋은 세상을 디자인할 수 있습니다.”

– 김현철(고려대학교 컴퓨터교육학과 교수)

EBS 〈생명을 구하는 문자〉
영상 보기

아름다운 한밤의 지구
그리고
불빛마저 숨죽인 또 다른 지구
어둠의 대륙
전기조차 가뭄인 그곳

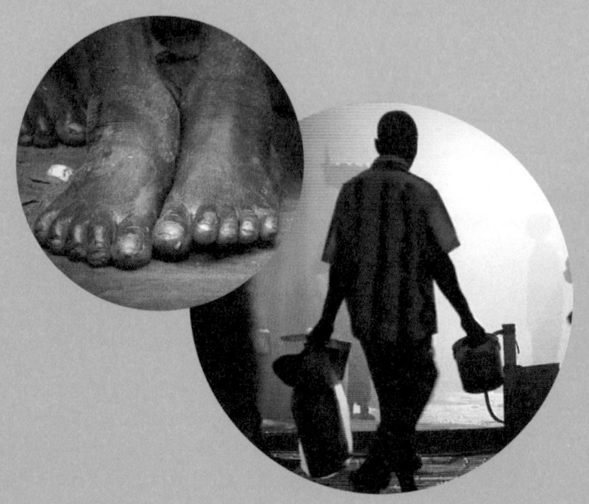

아프리카

전 인구의 41%
하루 1달러 미만의 생활

기아와 질병
전쟁과 내란의 대륙

1998~2003년
아프리카판 세계대전
제2차 콩고 전쟁

이 전쟁으로 인해
사망한 사람 400만여 명
청력을 잃은 사람
140만여 명

그러나
지금도 계속되는 혼란

"총성이 울리니 외출을 삼가라."
"근방에 포탄이 떨어졌으니 대피하라."

청각장애인들의 유일한 통신수단
휴대전화 문자메시지

그런데
2011년 12월 콩고민주공화국

"모든 휴대전화의 문자메시지를 차단한다."
– 조지프 카빌라(콩고민주공화국 대통령)

반정부 시위대의
결집을 막기 위해
문자메시지를 차단

"도시에 총성이 울리고 나서
청각장애인들에게 외출을 삼가라고
문자를 보냈으나 전송되지 않았다."

– 프레디 마타(탄자니아 장애아동센터 실장)

결국 그들은
위험의 전면에 노출되었다.

그들에게 문자메시지는
편의가 아닌 생존

생명을 위한 문자메시지
SMS for Life

말라리아로 들끓는 땅
아프리카

더러운 물
열악한 환경
최악의 면역력

감염자가 적은 곳에는 말라리아 치료제가 남아돌고
치료제가 절실한 오지에는 재고가 없다.

이들을 돕기 위해 나선

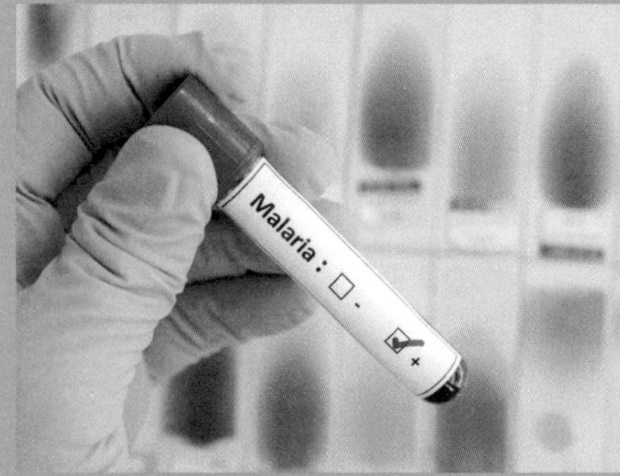

영국 제약사 N사
말라리아 치료제 제공

영국 통신사 B사
모바일 기술 솔루션 제공

미국 컴퓨터 회사 I사
필요한 정보를 얻도록
온라인 기술 제공

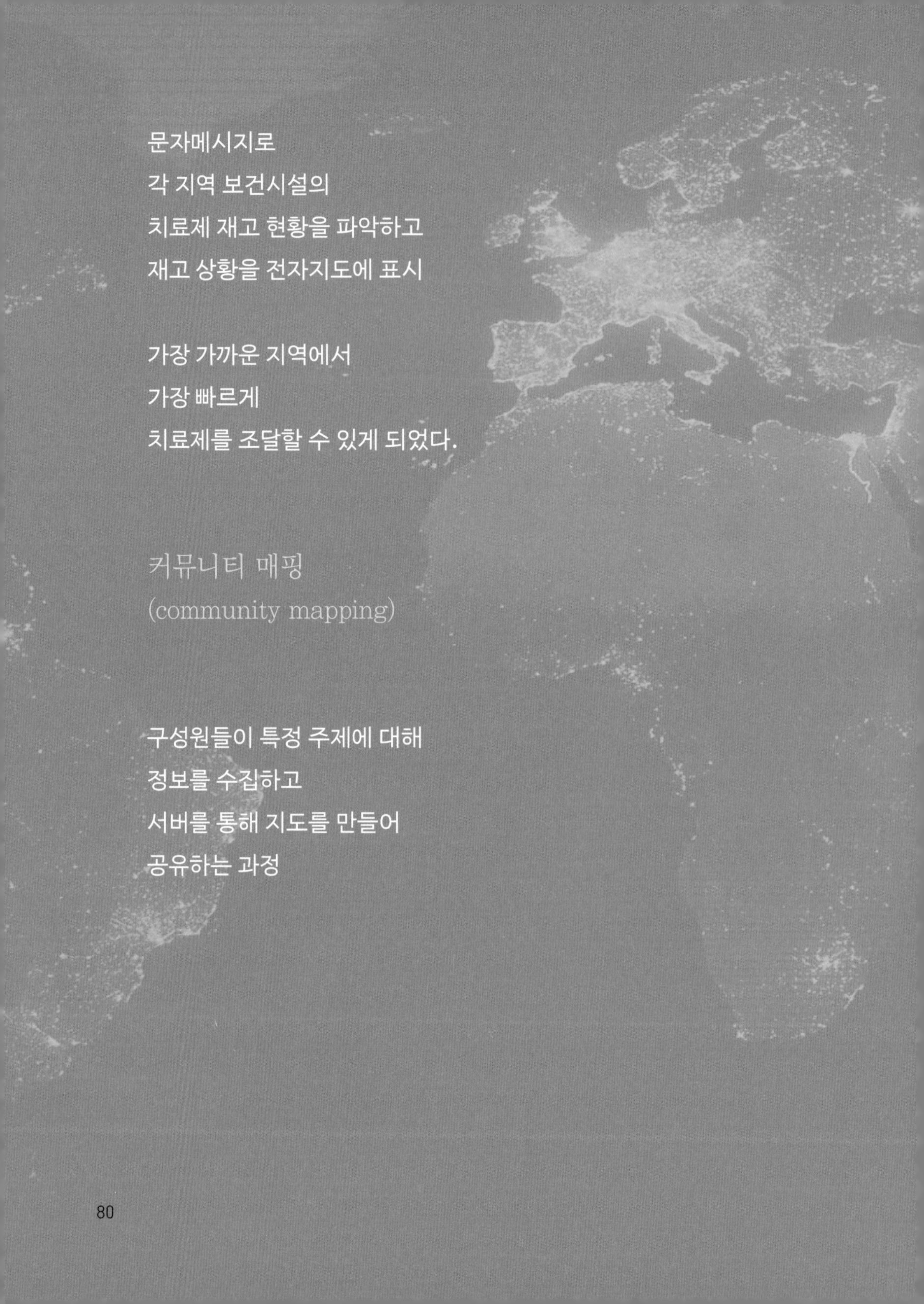

문자메시지로
각 지역 보건시설의
치료제 재고 현황을 파악하고
재고 상황을 전자지도에 표시

가장 가까운 지역에서
가장 빠르게
치료제를 조달할 수 있게 되었다.

커뮤니티 매핑
(community mapping)

구성원들이 특정 주제에 대해
정보를 수집하고
서버를 통해 지도를 만들어
공유하는 과정

그 결과,

6개월 만에 떨어진 치료제 품절률

79% → 26%

이로써 새 생명을 얻은

30만 명

첨단이 외면한 불평등을 보듬는

'진짜' 코딩

어둠의 대륙이

빛으로 피어난다.

중요한 연락수단, SMS

SMS(Short Message Service, 단문 메시지 서비스)는 영문으로는 140글자, 한글로는 70자 이내의 짧은 메시지를 주고받는 서비스로, 1992년 12월 3일에 최초로 발송되었어요. 그 내용은 'Merry Christmas'였는데, 발송 시기가 12월이었기 때문이에요.

SMS는 영문 140자 혹은 한글 70자까지만 발송할 수 있으며, 이를 초과하면 자동으로 MMS(Multimedia Message Service, 멀티미디어 메시지 서비스)로 변환돼요. MMS는 장문의 메시지는 물론 이미지, 음악, 동영상 등 다양한 멀티미디어 파일을 전송할 수 있는 서비스에요. 당연히 SMS보다 요금이 비쌉니다.

SMS는 발신자가 메시지를 입력한 후 전송 버튼을 누르면, 일단 기지국을 거쳐 단문 메시지 서비스센터(SMSC: Short Message Service Center)로 전달되고, 다시 전송 채널을 통해 수신자의 휴대전화에 도착해요. 최

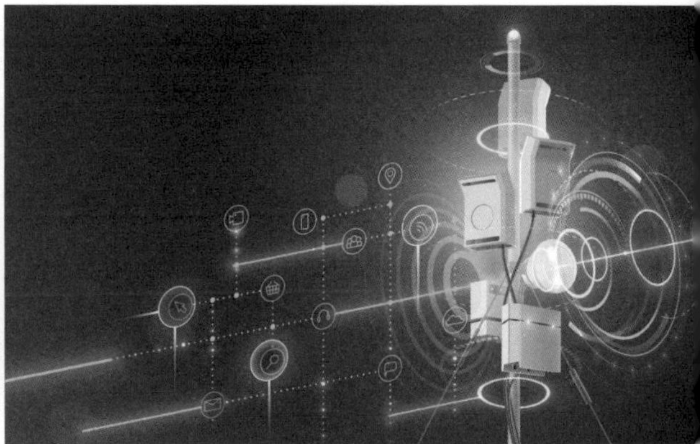

종적으로 수신자의 전화가 기지국에 SMS를 받았다고 응답하면 SMS 전송이 완료돼요.

사회 인프라가 열악하고 모든 분야에서 낙후된 아프리카에서도 SMS는 중요한 연락수단이 되고 있어요. 휴대전화를 이용하는 사람의 숫자는 다른 대륙에 비해 아직 적지만, 휴대전화 보급률이 가파르게 성장하면서 SMS 이용률도 급증하는 추세에요. 그런데 2011년 12월 3일, 콩고민주공화국에서 휴대전화 문자메시지가 송수신되지 않는 일이 벌어졌어요. 정부가 금지했기 때문이죠.

심각한 아프리카 내전

당시 이 나라는 2차 콩고 내전(1998~2003) 이후 두 번째로 대통령 선거를 치러 조지프 카빌라(Joseph Kabila) 현 대통령이 재선에 성공한 상황이었어요. 카빌라의 강력한 경쟁자였던 야당의 에티엔 치세케디(Etienne Tshisekedi)가 부정선거 의혹을 제기하며 거세게 반발했고, 그의

지지자들도 거리로 쏟아져 나와 격렬하게 시위를 벌였어요. 경찰이 나서서 이를 강력하게 진압하던 도중, 급기야 수도 킨샤사에서 4명이 사망하는 일이 벌어졌어요.

카빌라 정부는 사태의 확산을 막기 위해 문자메시지 송수신을 금지했어요. 대선과 총선을 거치면서 휴대전화 문자메시지가 종족 간 증오심과 반란, 외국인 혐오증을 부추기는 수단으로 이용되고 있다며 공공질서 유지를 위해 금지할 수밖에 없다고 발표했어요. 그러나 이는 명분에 불과했죠. 부정선거를 의심할 만한 정황이 적지 않았기 때문이에요. 카빌라 정부의 휴대전화 문자메시지 송수신 금지 조치는 국제사회로부터 거센 지탄을 받았어요.

콩고민주공화국 국민에게 문자메시지는 단순히 본인 인증을 하거나 광고 수신을 하거나 카드 사용 내역을 확인하는 등 '편의'를 위한 것이 아니라 '생존'과 직결된 서비스였어요. 특히 전화 수신 상태가 좋지 않아 음성통화가 잘 되지 않는 외진 지역에 사는 국민은 문자메시지를 통해 총

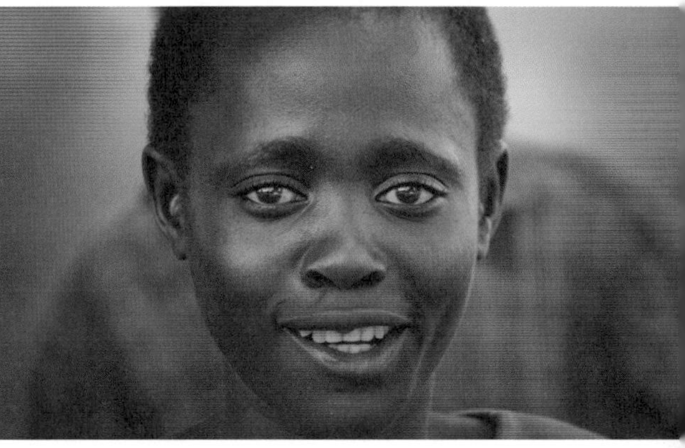

성과 폭탄 같은 위험 소식을 확인해야 했어요. 따라서 문자메시지를 금지하면 매우 위험한 상황에 노출될 수 있었죠. 귀가 들리지 않거나 말을 하지 못하는 사람들도 마찬가지였어요.

2011년 12월 14일 영국 국영방송 BBC는 킨샤사에서 농아들의 단체를 이끄는 성직자 키상갈라의 이야기를 전했어요. 그는 카빌라 정부의 문자메시지 금지 조치로 농아들이 정보를 교환할 수 없어 140만 명에 이르는 농아가 사회로부터 완전히 격리되어 있다고 말했어요.

총격전 등 폭력 사태가 발생해 농아들에게 외출을 삼가라는 문자메시지를 보내도 전송이 되지 않아 자칫 목숨을 잃을 수 있는 매우 위험한 상황에 놓여 있다는 것이죠.

SMS, '생명'을 위한 문자

끊이지 않는 내전, 만성적인 기아와 가뭄, 각종 질병과 전염병의 창궐은 아프리카 사람들의 삶을 황폐하게 하는 요인이에요. 그중에서도 에

이즈(ADIS)와 함께 아프리카인들을 가장 괴롭히는 대표적인 질환이 말라리아에요. 지금으로써는 현재 나와 있는 치료제 외에 말라리아를 치료할 수 있는 뾰족한 방법이 없어요. 더 큰 문제는 그마저도 제대로 공급받지 못한다는 것이죠.

2009년 이 문제를 해결하는 데 실마리를 제공하기 위해 아프리카에서 '생명을 위한 문자메시지(SMS of Life)' 프로젝트가 시작되었어요. 프로젝트 이름에서 짐작할 수 있듯 휴대전화의 문자메시지를 이용한 말라리아 퇴치 프로그램입니다. 이를 처음 구상한 사람은 스위스 바젤에 본사를 둔 다국적 제약 회사 노바티스(Novartis)의 최고정보책임자(CIO) 짐 배링턴(Jim Barrington)이에요.

노바티스는 세계 최대의 말라리아 치료제 생산 업체이며, 말라리아로 가장 많은 희생자가 발생하는 아프리카에 치료제를 지원하는 프로그램을 오래전부터 자체적으로 진행해왔어요. 그러나 감염자가 적어 약이 크게 필요하지 않은 곳은 재고가 남아돌고, 감염자가 많아 약이 절실한

곳에는 치료제가 부족한 일이 자주 발생했어요. 공급망이 열악한 데다 정부기관의 통제력이 미치지 못하는 탓이에요.

이에 문제의식을 느낀 배링턴은 어떻게 하면 외진 지역에도 치료제를 잘 전달할 수 있을까를 고민했고, 아프리카에서도 이미 많은 사람이 사용하는 휴대전화의 문자메시지를 이용하면 되겠다는 생각이 들었어요. IT 기술로 치료제 공급 문제를 해결하고자 한 것이에요.

생명을 구하는 문자메시지의 운용 방식

프로젝트를 시작한 배링턴은 처음에는 회사 안팎에서 지원군을 모으는 일에 집중했고, 그 결과 노바티스에서 3명, 영국의 이동통신 업체 보다폰(Vodafone)에서 1명, 세계 최대 인터넷 검색 업체 구글에서 1명의 전문가를 확보했어요. 배링턴은 프로젝트를 함께할 파트너를 구하는 일에도 노력을 기울였어요. 그 결과 롤백말라리아(RBM: Roll Back Malaria)

의 적극적인 지지를 얻는 데 성공했어요.

스위스 제네바에 사무실을 둔 롤백말라리아는 1998년 세계보건기구(WHO)의 주도로 유엔아동기금(UNICEF), 유엔개발계획(UNDP), 세계은행이 공동으로 출범시킨 질병관리 협력단체입니다. 말라리아 퇴치를 위한 국제적 협력을 목적으로 해요.

롤백말라리아의 지원을 얻은 배링턴은 보다 수월하게 파트너와 자금을 모을 수 있었고 IBM, 보다폰, 구글로부터 기술 지원도 받을 수 있었어요. 그다음 단계는 아프리카의 말라리아 발생 위험 국가 중 프로젝트를 진행할 시범 국가를 찾는 것이었는데, 탄자니아 정부가 선뜻 응했습니다. 마침내 2009년 10월, 탄자니아에서 말라리아 치료제가 부족할 가능성이 가장 높은 3곳을 선정하여 시범 프로그램을 실행했어요.

생명을 구하는 문자메시지의 운용 방식은 간단했어요. 매주 각 지역 보건 담당자들이 치료제의 재고를 파악해 휴대전화 문자메시지로 중앙에 보고하면, 이 재고 현황을 전자지도(digital map, 디지털 정보를 토대로 하

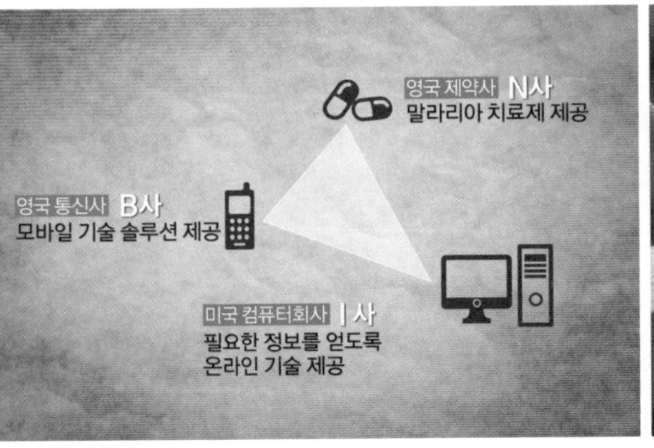

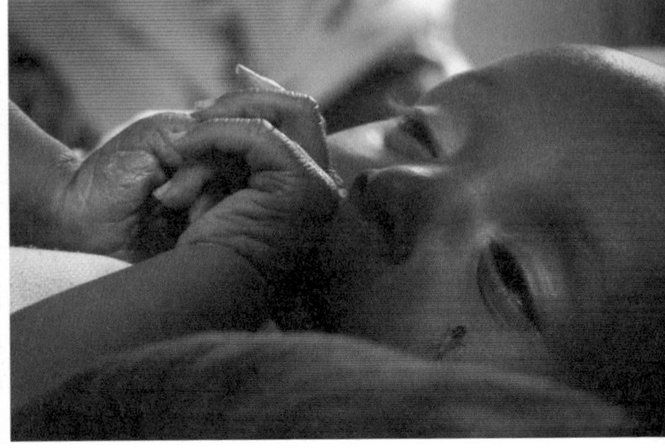

여 작성된 지도)에 표시하고, 이 지도를 기반으로 재고가 부족한 지역과 가장 가까운 곳에서 치료제를 빠르게 공급하는 방식이에요.

그 결과 생명을 구하는 문자메시지는 시범 프로그램을 실행한 지 6개월 만에 평균 79%에 달하던 치료제 품절률을 26%로 줄이는 성과를 이루었습니다. 이 놀라운 결과에 탄자니아 정부는 생명을 구하는 문자메시지 시스템을 전국으로 확대했어요. 이후에는 시스템의 활용 범위가 점차 넓어져 다른 의약품은 물론 혈액을 공급하는 데에도 쓰이게 되었답니다.

세상의 변화를 이끄는 함께 만드는 공유지도, 커뮤니티 매핑

생명을 구하는 문자메시지는 휴대전화와 같은 이동통신망과 IT 기술을 종합적으로 활용하여 만든 전자지도가 없었다면 불가능한 프로젝트였어요. 이처럼 공간적·지역적 단위의 사회조직 혹은 공통의 관심과 가치를 공유하는 집단이 특정 주제에 대한 정보를 현장에서 수집하

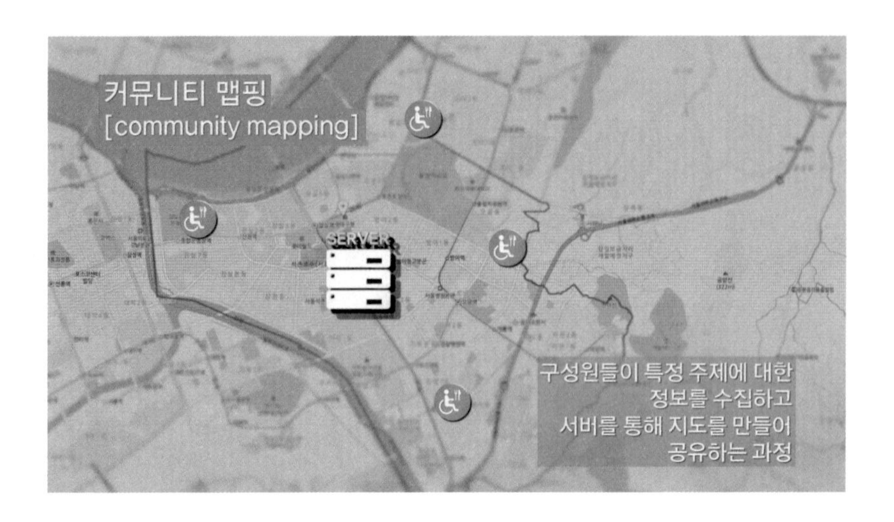

고 인터넷 서버(server, 근거리 통신망에서 집약적인 처리 기능을 제공하는 서브 시스템)를 통해 기록하여, 기존의 지도를 특정한 목적을 가진 특성화된 지도로 재구성하여 이용·공유하는 과정을 '커뮤니티 매핑(community mapping)'이라고 해요.

커뮤니티 매핑의 성공 사례는 수없이 많아요. 2020년 우리 사회를 공포로 몰아넣었던 코로나19 사태 당시 수많은 사람의 열렬한 호응을 얻었던 '코로나19 확산 지도'와 부족했던 마스크를 구입할 수 있도록 마스크 수량을 알려준 '마스크 지도'가 대표적인 예에요. 그에 앞서 2015년에는 '메르스 확산 지도'가 있었어요. 당시 보건 당국이 메르스 환자가 접촉한 병원의 명단을 공개하지 않자 메르스에 대한 국민의 공포와 불안이 날로 커졌어요. 이에 문제의식을 느낀 한 프로그래머가 몇 시간 만에 메르스 감염 경로와 환자가 발생한 병원을 지도 위에 표기한 메르스 확산 지도를 제작했어요.

이 지도는 프로그래머 한 사람의 뛰어난 소프트웨어 활용 능력으로 만들어진 게 아니에요. 340여 건에 달하는 시민들의 제보가 결정적인 역할을 했어요. 전문가가 아닌 평범한 사람들이 제보한 정보들을 바탕으로 제작된 그 지도는 정확성이 매우 높았어요. 보건 당국에서도 나중에 병원 정보를 공개했는데 시민들의 제보로 만들어진 메르스 확산 지도의 병원 정보와 거의 일치했어요.

커뮤니티 매핑의 대표적인 성공 사례, 우샤히디

해외에서는 '우샤히디(Ushahidi)'가 대표적인 성공 사례입니다. 스와힐리어로 '증거'를 뜻하는 우샤히디는 2007년 아프리카 케냐의 대통령 선거 기간 중 구축된 웹사이트예요. 당시 발생한 정치적 폭력 사태의 실상, 그리고 이에 맞서 싸우는 사람들의 노력과 어려움을 알리기 위해 만들어졌어요.

케냐 출신의 변호사이자 블로거였던 오리 오콜로(Ory Okolloh)가 몇몇 개발자와 함께 수많은 사람이 제보한 폭력 사건 정보를 바탕으로 온라인 지도를 만들면서 시작되었어요. 언론마저 케냐 정부의 통제를 받던 상황에서 우샤히디는 사람들이 믿을 수 있는 유일한 정보였고, 우샤히디는 정부가 외면하는 폭력 사태의 진실을 파헤치는 성과를 이루었어요.

이후 우샤히디는 '우샤히디 플랫폼'도 구축했어요. 케냐 정부의 부정을 공개하는 것을 넘어서 SMS, 메일, 트위터 등 다양한 채널을 통해 사람들이 자발적으로 보낸 다양한 정보를 지도에 표시하는 오픈소스 플랫폼(open source platform, 소프트웨어의 설계도에 해당하는 소스코드를 인터넷 등을 통하여 무상으로 공개하여 누구나 소프트웨어를 개량·배포할 수 있도록 만든 개발 환경)입니다. 우샤히디 플랫폼은 현재 자연재해, 테러 사태, 범죄, 질병 등으로 어려움과 위험에 처한 수많은 사람에게 도움을 주고 있어요.

커뮤니티 매핑, 더 좋은 세상을 만들다

커뮤니티 매핑은 방대하고 광범위한 규모의 정보를 담은 온라인 지도를 단 몇 시간 만에 제작함으로써 공동체가 가진 다양한 문제를 해결하는 데 도움을 줍니다. 그뿐 아니라 사람들이 커뮤니티 매핑에 정보를 제공하는 과정에서 공동체의식과 시민의식 등이 강화되고, 공동체 발전을 위한 활동에 적극적으로 참여하게 하는 효과도 불러와요. 즉, 커뮤니티 매핑은 단순히 정보를 취합해서 지도에 표시하는 과정과 기술이 아니라 이를 통해 개인의 의식은 물론 지역사회, 더 나아가 국가와 세계를 더 좋은 곳으로 바꾸는 변화의 인큐베이터 역할을 하는 것이죠.

이 인큐베이터는 현재의 다양한 기술이 있기에 탄생할 수 있었어요. 어디서나 활용이 가능한 인터넷·SNS·페이스북 등 소셜 네트워크 서비스, 위성측위시스템(GPS)이 장착된 모바일기기, 개방형 애플리케이션 프

로그래밍 인터페이스(API), 지역에서 수집한 각종 지리정보를 수치화하여 컴퓨터에 입력·처리하고 이를 다양한 방법으로 분석·종합하여 제공하는 지리정보시스템(GIS) 등이 그것이에요.

이러한 소프트웨어 기술, IT 기술이 더 협력적이고 더 좋은 세상을 만들 수 있는 기회와 권리를 인류에게 제공하는 것이랍니다.

검색창 뒤의 순위 전쟁

세르게이 브린

래리 페이지

"어떤 정보가 손에 들어오는지에 따라
인생이 달라진다."

– 래리 페이지(구글 창업자)

EBS 〈검색창 뒤의 순위 전쟁〉
영상 보기

1990년대 초반
인터넷의 부흥과 함께 등장한
검색엔진 강자들

하지만 곧 추락한
이들의 명성

이들이 몰락한 주요 원인
인덱스 검색 방식

웹페이지에 인덱스만 완성하면
무엇이든 쉽게 찾을 수 있다!

그러나
너무 많이 검색되는
정확성과 적합성이 떨어지는
불필요한 정보들

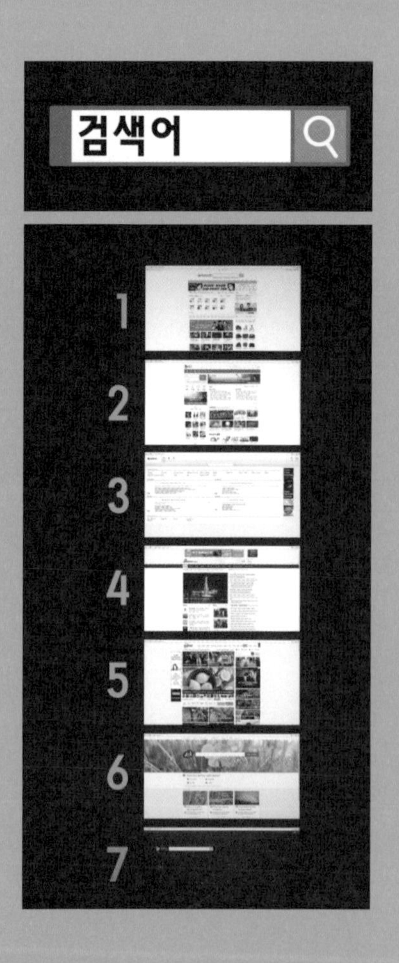

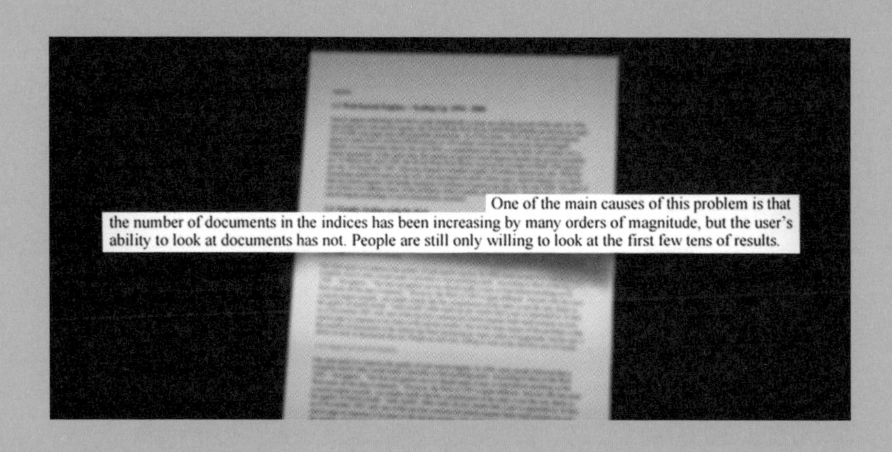

이에 정면으로 도전한 두 사람

구글의 창업자
래리 페이지와 세르게이 브린

이들이 1998년
논문에서 지적한
인덱스 검색 방식의 한계

"인덱스되는 문서의 숫자는
엄청난 속도로 성장하고 있지만,
사람들이 그 문서들을 볼 수 있는 능력은
같은 속도로 성장하지 않는다."

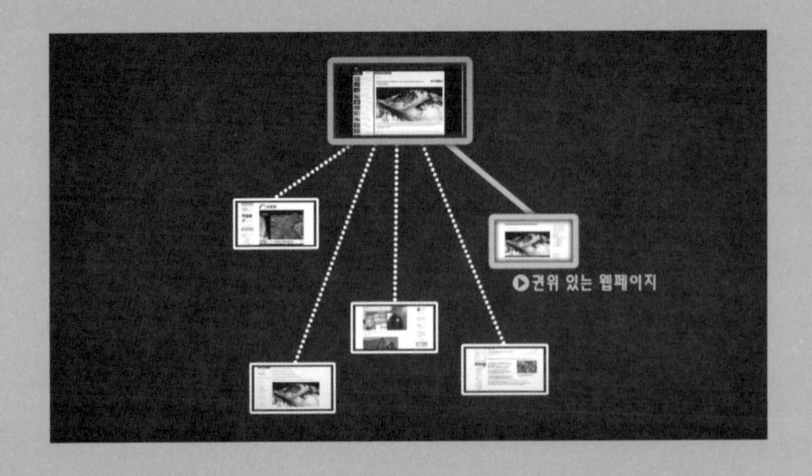

검색 결과가 수만 개라도

'정확한 정보' 하나만을 원하는 사람들

그래서 이들이 제시한 획기적인 검색 기술

페이지 랭크

클릭률과 링크율이 높은 페이지를
정확하고 적합한 정보로 판단
상위에 노출시키다.

높아진 검색의 정확도, 이에 열광하는 사람들

페이지 랭크

"극도로 적합한 결과를 출력하는 불가사의한 재주"

– 미국 〈PC매거진〉

구글
전 세계 검색 시장에서
80%가 넘는 압도적인 점유율 기록
세계 최고의 검색엔진이 되다.

기존 검색 방식에 도전장을 낸 두 사람
불편함을 고치고자 했던
이들의 아이디어와 노력이 없었다면

지금 우리는
수천 수만의 검색 결과와
씨름하고 있을지도 모른다.

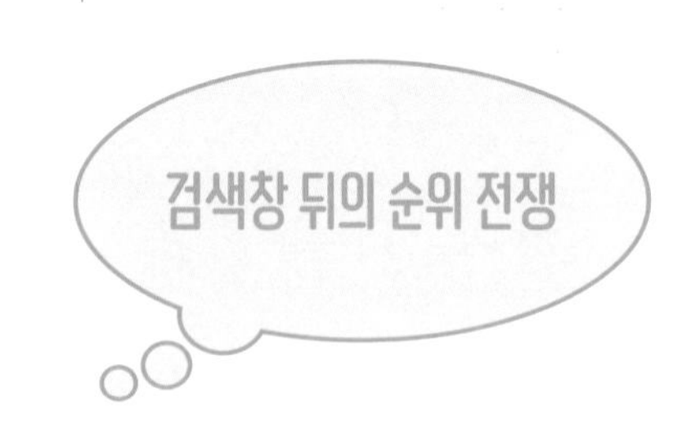

1990년대 검색엔진 회사들의 추락

인터넷은 전 세계의 컴퓨터가 연결된 거대한 통신망으로, '정보의 바다'라고도 불립니다. 헤아릴 수 없이 많은 정보와 자료가 존재하고, 또 새로운 정보와 자료가 시시각각 쏟아져 나와요. 이러한 공간에서 내가 원하는 정보를 찾는다는 것은 결코 쉬운 일이 아니겠죠? 그런데 지금 우리는 몇 가지 단어, 즉 검색어를 입력하는 행위만으로 간단하게 원하는 정보를 찾을 수 있어요.

이는 모두 정보의 바다인 인터넷에서 필요한 정보를 손쉽게 찾을 수

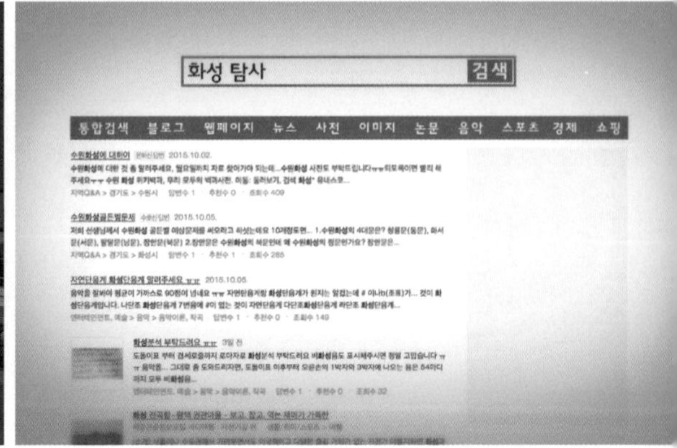

있도록 도움을 주는 '검색엔진(search engine)' 덕분이에요.

정보를 손쉽게 찾을 수 있도록 검색엔진이 도움을 줄 수 있는 것은 정확하고 빠른 검색이 가능하도록 미리 웹에 데이터베이스(database)를 구축해놓기 때문이에요. 일명 '검색 로봇'이라고 불리는 특별한 프로그램이 웹사이트를 돌아다니며 수집한 자료를 사용자가 간단하게 찾을 수 있도록 구성하여 데이터베이스에 저장해놓아요. 그래야 사용자가 검색어를 입력하는 즉시 이와 관련된 정보의 위치를 데이터베이스에서 출력해 빠르게 알려줄 수 있으니까요.

검색엔진이 처음 등장한 것은 1990년이었어요. 캐나다 몬트리올 맥길대학교 컴퓨터공학과 학생이었던 앨런 엠티지(Alan Emtage)가 '아키(Archie)'라는 이름의 최초 검색엔진을 개발했어요. 아키는 지금의 검색엔진과는 비교도 할 수 없을 정도로 조악했어요. 그러나 당시 컴퓨터들은 그저 파일을 주고받을 수 있도록 서로 연결된 수준에 불과해 파일의

위치를 모르면 파일을 내려받기 어려웠어요.

아키는 이런 상황을 개선한 획기적인 소프트웨어였어요. 아키는 원하는 파일의 이름만 알면 그 위치를 몰라도 파일을 찾을 수 있도록 도움을 주었지만 파일 내에 포함된 텍스트까지는 검색하지 못했어요. 이 점을 보완해 나온 검색엔진이 고퍼(Gopher)입니다. 고퍼 이후 검색을 더욱 쉽게 할 수 있도록 기능을 개선한 수많은 검색엔진이 등장했어요.

검색엔진 시대의 도래는 팀 버너스 리(Tim Berners-Lee)가 개발한 월드 와이드 웹(www: World Wide Web, 인터넷망에서 정보를 쉽게 찾을 수 있도록 고안된 방법 또는 세계적인 인터넷망)과 깊은 관련이 있어요. 전 세계의 컴퓨터가 연결된 인터넷상에는 방대한 정보가 존재하는데, 월드 와이드 웹의 등장은 인터넷의 대중화와 보급화를 이끌어 키워드를 이용해 인터넷상의 정보를 찾아주는 검색엔진의 필요성을 높였어요.

웹 크롤러, 마젤란, 익사이트, 인포시크, 잉크토미, 노던 라이트, 라이

코스, 알타비스타, 야후, 구글 등은 월드 와이드 웹이 개발된 이후 등장한 대표적인 검색엔진들로 이 가운데 많은 검색엔진이 큰 상업적 성공을 거두었어요. 그러나 지금까지 존립하여 성장세를 거듭하는 것은 구글뿐이랍니다. 인터넷 검색 시대를 가장 선두에서 이끌었던 야후마저 2016년 검색엔진으로서 운명을 다하면서 1990년대에 탄생한 검색엔진 회사 중 구글만이 유일한 생존자이자 승리자로 남았어요.

구글의 등장

호황을 누리던 수많은 검색엔진이 명맥을 이어가지 못하고 역사의 뒤안길로 사라진 것은 '닷컴 버블(dot-com bubble)'과 밀접한 관련이 있어요. 닷컴 버블이란 1995년부터 2000년에 걸쳐 발생한 닷컴 기업 주가의 거품 현상을 말해요. 인터넷 관련 분야가 급성장하면서 닷컴 기업들이 실제 기업가치보다 과대평가되어 주가가 폭등했다가 그 거품이 빠지면서 연쇄 부도가 났으며, 여기에 휘말려 수많은 닷컴 회사가 사라졌어요.

닷컴 버블과 함께 수많은 검색엔진 회사가 문을 닫는 데 영향을 미친 또 하나의 요인은 구글의 등장이었어요. 구글은 1998년 전 세계의 정보를 조직화하여 인류가 이 정보에 자유롭게 접근하여 유용하게 쓸 수 있도록 하겠다는 원대한 포부를 가지고 출발했어요. 그리고 실제 그 목표대로 인터넷 검색 시장을 빠르게 장악하며 세계 최고의 검색엔진이 되었죠.

영국의 경제신문 〈파이낸셜타임즈(Financial Times)〉의 조사에 따르면 한국(네이버), 일본(야후 재팬), 중국(바이두) 등을 제외한 대부분의 국가에서 주로 구글을 이용해 인터넷 검색을 하는 것으로 나타났어요. 그 점유율이 너무나 압도적이어서 다른 검색엔진과 비교하는 것이 무의미할 정도였죠.

혁신적인 검색 알고리즘, 페이지 랭크

후발주자였던 구글이 기존에 검색 시장을 장악하고 있던 검색엔진 회사들을 밀어내고 단시간에 최강자가 될 수 있었던 이유는 '페이지 랭크(Page Rank)'라는 혁신적인 검색 알고리즘 덕분이었어요. 구글이 등장

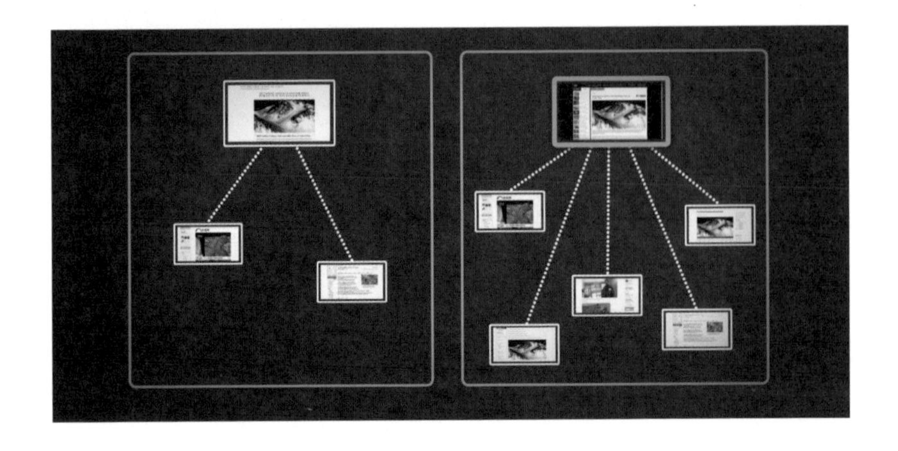

하기 전까지 대부분의 검색엔진 회사가 사용한 알고리즘은 인덱스 검색 방식이었어요.

인덱스 검색 방식이란 내용 중에 중요한 단어나 항목을 쉽게 찾아볼 수 있도록 일정한 순서에 따라 별도로 배열해 놓은 목록(인덱스)에서 우선 검색어에 부합하는 웹페이지들을 찾은 다음, 이를 유용하다고 생각하는 정보 순으로 사용자에게 알려주는 검색 방식이에요.

처음에는 이 방식이 원하는 정보를 아주 쉽게 찾아줄 수 있으리라고 생각했어요. 웹 페이지에 인덱스만 구축해놓으면 되기 때문이죠. 그러나 예상치 못한 문제가 발생했어요. 막상 검색을 하면 원하는 단어는 포함되어 있지만 전혀 다른 정보, 즉 정확성과 적합성이 떨어지는 불필요한 정보들이 너무 많이 검색되었던 것이에요. 그러다 보니 사용자들은 자신에게 꼭 필요한 정보를 찾기 위해 수많은 불필요한 정보까지 확인해야 하는 불편함과 수고를 감수해야 했어요.

세르게이브린 래리페이지

이러한 문제에 정면으로 도전한 두 사람이 있었으니, 구글의 창업자 래리 페이지(Larry Page)와 세르게이 브린(Sergey Brin)이에요.

이들은 1998년에 발표한 자신들의 논문을 통해 '인덱스되는 문서의 숫자는 엄청난 속도로 성장하고 있지만 사람들이 그 문서를 볼 수 있는 능력은 같은 속도로 성장하지 않는다'라고 인덱스 검색 방식의 한계를 지적했어요. 그리고 이를 극복한 '페이지 랭크'라는 새로운 검색 방식을 제시했습니다.

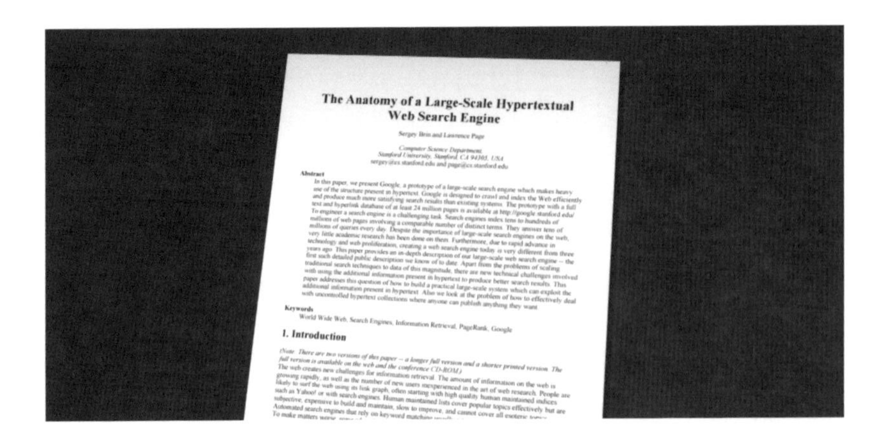

The Anatomy of a Large-Scale Hypertextual Web Search Engine

Sergey Brin and Lawrence Page

Computer Science Department,
Stanford University, Stanford, CA 94305, USA
sergey@cs.stanford.edu and page@cs.stanford.edu

Abstract

In this paper, we present Google, a prototype of a large-scale search engine which makes heavy use of the structure present in hypertext. Google is designed to crawl and index the Web efficiently and produce much more satisfying search results than existing systems. The prototype with a full text and hyperlink database of at least 24 million pages is available at http://google.stanford.edu/
To engineer a search engine is a challenging task. Search engines index tens to hundreds of millions of web pages involving a comparable number of distinct terms. They answer tens of millions of queries every day. Despite the importance of large-scale search engines on the web, very little academic research has been done on them. Furthermore, due to rapid advance in technology and web proliferation, creating a web search engine today is very different from three years ago. This paper provides an in-depth description of our large-scale web search engine -- the first such detailed public description we know of to date. Apart from the problems of scaling traditional search techniques to data of this magnitude, there are new technical challenges involved with using the additional information present in hypertext to produce better search results. This paper addresses this question of how to build a practical large-scale system which can exploit the additional information present in hypertext. Also we look at the problem of how to effectively deal with uncontrolled hypertext collections where anyone can publish anything they want.

Keywords

World Wide Web, Search Engines, Information Retrieval, PageRank, Google

1. Introduction

(Note: There are two versions of this paper -- a longer full version and a shorter printed version. The full version is available on the web and the conference CD-ROM.)
The web creates new challenges for information retrieval. The amount of information on the web is growing rapidly, as well as the number of new users inexperienced in the art of web research. People are likely to surf the web using its link graph, often starting with high quality human maintained indices such as Yahoo! or with search engines. Human maintained lists cover popular topics effectively but are subjective, expensive to build and maintain, slow to improve, and cannot cover all esoteric topics.
Automated search engines that rely on keyword matching
To make matters worse

페이지 랭크는 월드 와이드 웹과 같은 하이퍼링크(hyperlink, 문서와 문서를 연결하는 기능) 구조를 가지는 문서에 상대적 중요도에 따라 순위를 부여하는 검색 방식이에요.

획기적인 검색 알고리즘으로 세계 최고가 되다

이를 좀 더 쉽게 설명하면 이렇습니다. 우리는 보통 학술지를 쓸 때 다른 학술지를 참고해요. 이때 일반적으로 이미 참고자료로 많이 사용된 것, 혹은 그 분야의 권위자가 쓴 것을 선택하죠. 사용 빈도가 높고 최고의 전문가가 쓴 학술지가 유용하고 정확한 내용을 담고 있다고 판단하기 때문이에요.

페이지 랭크는 바로 이러한 개념을 도입한 검색 알고리즘이에요. 페이지 랭크는 어떤 웹페이지가 다른 웹페이지에서 많이 인용되었거나(즉, 다른 웹페이지에 많이 링크되어 있거나) 권위 있는 전문가의 웹 페이지와 연

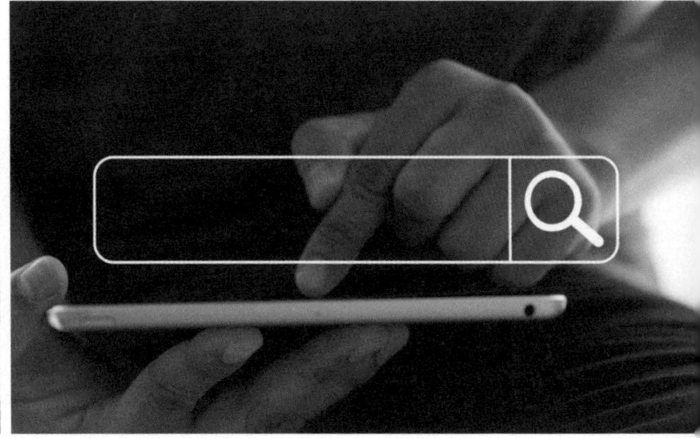

결된 경우 이 웹페이지를 객관적이고 신뢰할 만한 정보라고 판단하고 가산점을 부여해 상위에 노출시켜요. 즉, 웹에 있는 특정 페이지가 얼마나 많이 링크되었는지, 클릭된 횟수가 얼마나 많았는지에 대한 기록을 반영해 검색 결과의 순위를 결정하는 것이에요. 이러한 검색 알고리즘을 활용한 것이 바로 페이지 랭크랍니다.

구글은 페이지 랭크에 의해 가장 정확하고 적합하다고 판단된 정보 순으로 검색 결과를 제공하기 때문에 사용자들은 불필요한 정보들을 확인하는 수고 없이 원하는 정보를 빠르게 찾을 수 있게 되었어요. 세계의 네티즌은 이러한 구글의 검색 방식에 열광했고, 이에 힘입어 구글은 단숨에 세계 최고의 검색엔진이 되었답니다.

잭의 컴퓨터

“우리가 알고 싶은 모든 것을 컴퓨터로 찾을 수 있습니다.
구글이나 위키피디아 등을 이용해서 말이죠.
그리고 그것을 통해 우리는 세상을 바꿀 수 있습니다.”

– 잭 안드라카(췌장암 진단 키트를 만든 소년)

EBS 〈책의 컴퓨터〉
영상 보기

가족처럼 지내던 아저씨가
췌장암으로 돌아가시자
슬픔에 빠진 13살 소년

어느 날 그 소년이
인터넷에 던진 질문

췌장암이 뭐지?

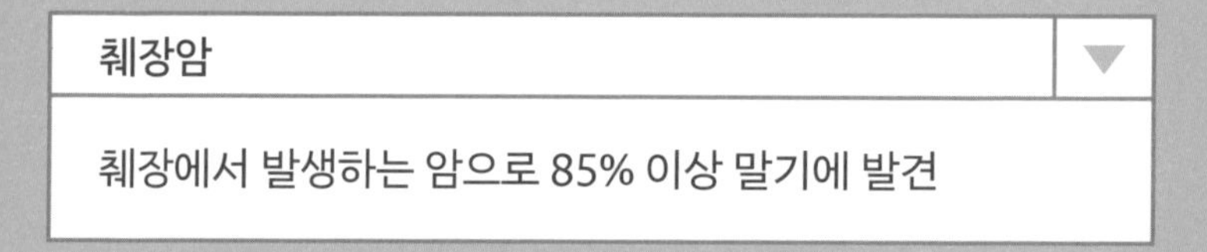

5년 생존 확률 단, 2%

이후 계속 늘어나는 질문들

사망률이 높은 이유는?
치료 방법은?
진단은 어떻게?

질문을 통해 알게 된
췌장암에 관한 정보들과 충격적인 사실

14시간의 오랜 검사
비싼 비용
30% 정도의 낮은 정확성
60년 된 낡은 진단 방법

"더 좋은 진단 키트를 만들고 싶다."

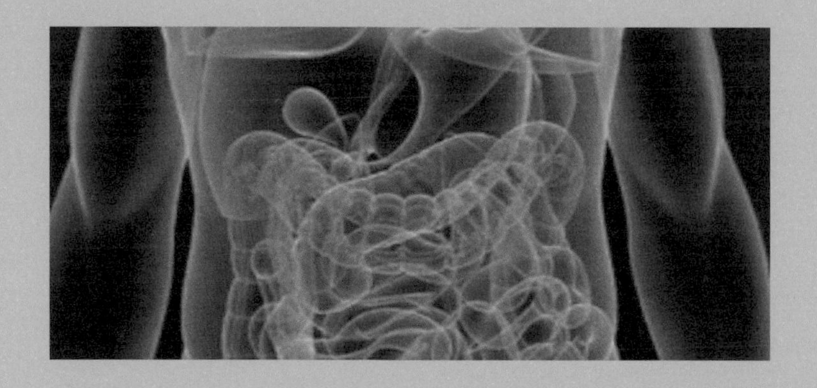

소년은 암에 걸리면 체내에 특정 단백질이
증가한다는 사실을 알게 되었다.

인터넷을 활용하여
단백질 데이터베이스 발견

그러나 건초더미에서 바늘 찾기
8,000개의 단백질에서 반응 단백질 찾기

3,999번의 실패
4,000번의 도전

드디어 찾아낸 반응 단백질
메소텔린

하지만 검출할 방법이 없었다.

그러던 어느 날
우연히 읽고 있던 과학 논문에서 발견한 신소재
탄소 나노튜브

만약
탄소 나노튜브에
항체를 결합할 수만 있다면?

특정 단백질에 반응하는 항체를 이용해
메소텔린을 검출할 수 있지 않을까?

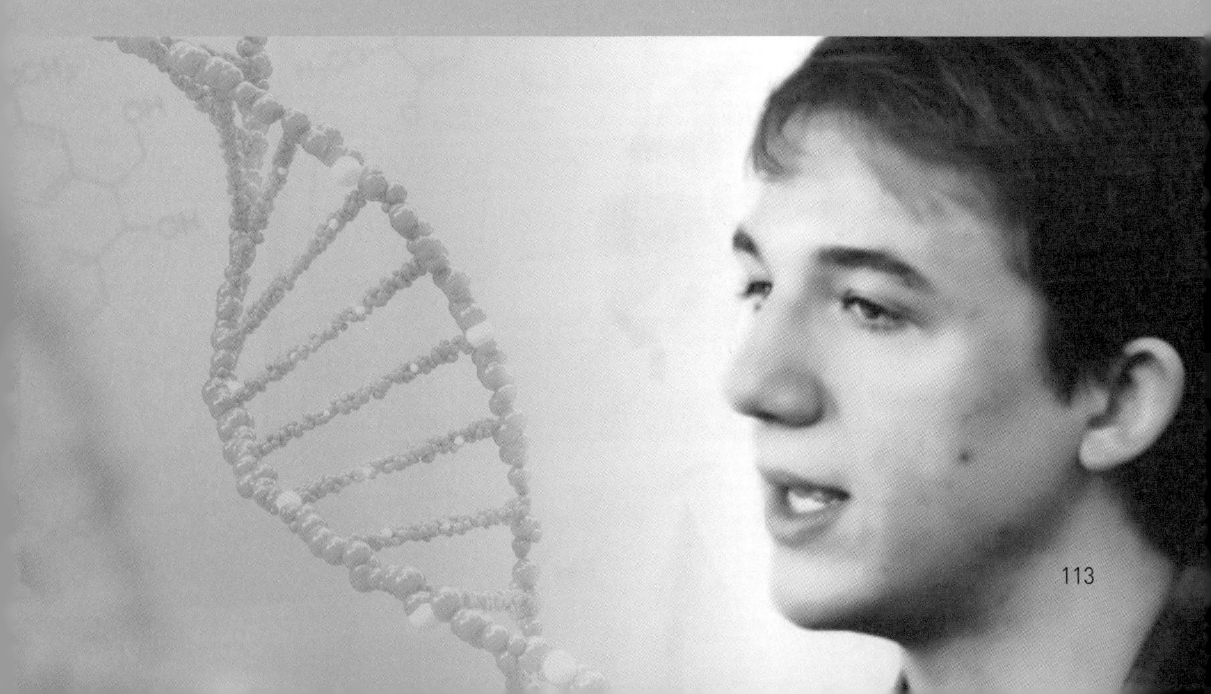

검사시간

단 '5분'

검사비용

단돈 '3센트'

검사 정확도

90% 이상

세계 최초

췌장암 조기진단 키트 발명

2012 인텔 국제과학경진대회

고든 무어상 수상

15세 소년의
유일한 발명 도구는
인터넷

자, 지금 당신은

컴퓨터 앞에서
무엇을 하고 있나요?

세상에서 가장 지독한 암

2011년 10월 매킨토시 시리즈, 아이팟, 아이폰, 아이패드로 유명한 세계적인 IT 기업 애플은 다음과 같은 공식 성명을 발표했어요.

"애플은 명확한 비전과 창의성을 지닌 천재를 잃었습니다. 그리고 세계는 정말 놀라웠던 한 사람을 잃었습니다. 스티브와 함께 일하는 행운을 누렸던 저희는 사랑하는 친구이자 늘 영감을 주는 멘토였던 그를 잃었습니다. 이제 스티브는 오직 그만이 만들 수 있었던 회사를 남기고 떠났으며, 그의 정신은 애플의 근간이 되어 영원히 남을 것입니다."

애플의 창업자이자 최고경영자, 혁신의 아이콘이었던 스티브 잡스의 사망을 알리는 내용입니다. 56세인 잡스의 목숨을 앗아간 것은 이름도 생소한 '췌장 신경내분비종양'이었어요. 신경전달물질 또는 호르몬을

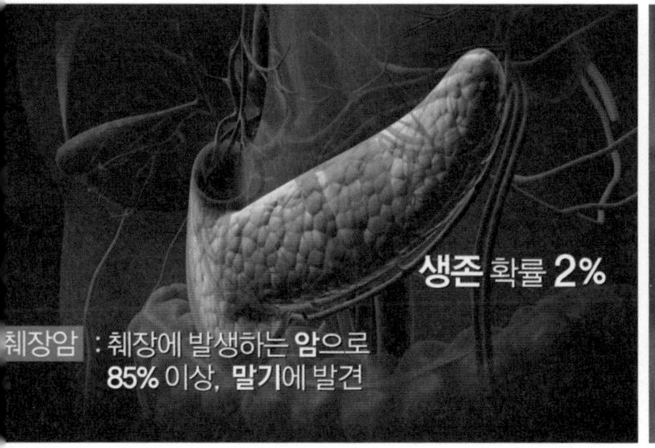

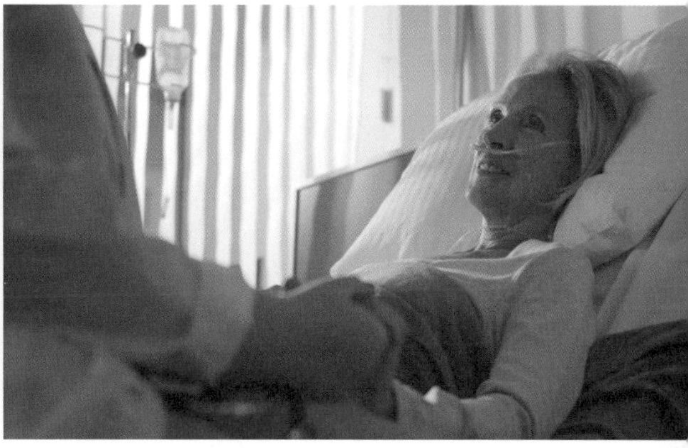

분비하는 신경내분비계통 세포에서 발생하는 이 종양은 췌장암의 한 종류로, 인구 10만 명당 5명 정도가 걸릴 만큼 발병 빈도가 낮고 다른 췌장암에 비해 진행 속도가 느린 것이 특징이에요.

2003년 암 진단을 받은 잡스가 8년 넘게 투병생활을 하며 IT 혁신을 이룰 수 있었던 것도 그 때문이에요. 반면 췌장암의 90%를 차지하는 췌관 선암종(췌관세포에서 발생하는 암)은 진단 후 생존 기간이 4~6개월에 지나지 않을 정도로 진행 속도가 매우 빠르다고 해요. 더욱이 5년 생존율이 고작 2% 정도에 불과하며, 2년 내 재발률이 80%를 넘을 정도로 '악질' 암입니다.

췌장암의 조기 진단이 어려운 이유

췌장암의 생존율이 낮은 가장 결정적인 이유는 조기진단이 어려워 발견했을 때는 이미 수술조차 불가능한 경우가 85% 이상이기 때문이에요.

췌장은 위, 대장 등 다른 장기들에 파묻혀 몸속 깊숙이 자리하고 있기 때문에 복부초음파, CT, MRI 등을 통해 검사를 해도 이상이 발견되지 않는 경우가 많아요. 특히 복부비만이거나 장에 가스가 차 있는 경우에는 췌장 자체를 식별하기도 어렵죠. 게다가 자각증상이 복통, 식욕부진, 체중감소 등 다른 소화기계 증상과 거의 흡사해 바로 췌장암을 의심하기보다는 위궤양, 위염 등을 먼저 생각하는 경우가 흔해요.

또한 60년이 넘은 진단 기술을 아직도 이용할 정도로 효과적인 조기진단법이 개발되지 않았다는 것도 하나의 요인이에요. 의학 기술의 발달로 조기진단 가능성이 커져 생존율도 점점 높아지는 다른 10대 암과 달리 췌장암의 생존율은 수십 년간 거의 향상되지 않았어요.

잭 안드라카의 옴 미터

췌장암을 치료하는 최고의 방법은 수술을 통해 암을 완전히 제거하는 것이에요. 그러나 조기진단이 어렵기 때문에 수술로 절제가 가능한 경우는 전체 환자의 15%도 되지 않아요. 대부분은 발견했을 때 이미 암세포가 췌장뿐만 아니라 주위 조직이나 림프샘을 넘어 간이나 폐 등으로

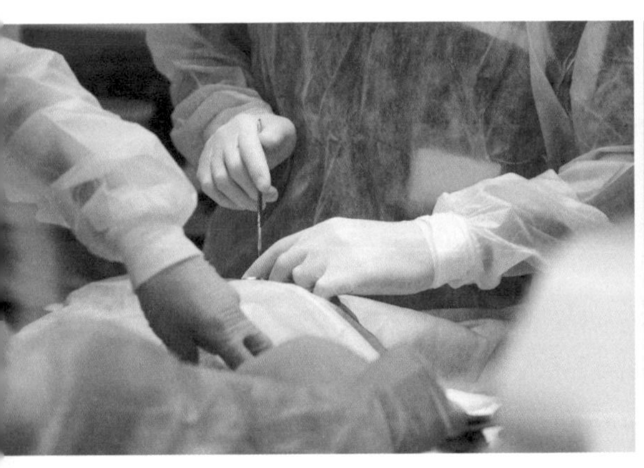

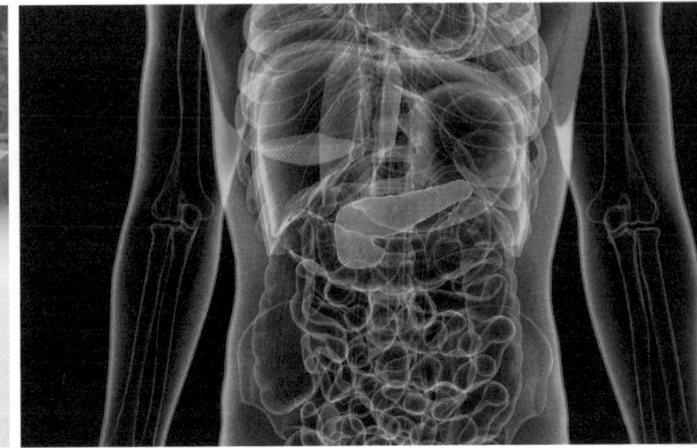

전이된 상태이기 때문이죠. 그래서 췌장암이 발견되면 수술도 해보지 못하고 죽음을 맞이하기 십상이에요.

1997년생 미국인 소년 잭 안드라카(Jack Andracka)도 열세 살 때 이런 무시무시한 췌장암으로 테드 아저씨와 영원한 이별을 했어요. 자신이 삼촌처럼 따르던 아저씨였다고 해요. 그의 죽음은 잭에게 큰 슬픔을 안겨주었고 잭은 자신에게서 소중한 사람을 앗아간 췌장암에 대해 궁금증을 가지게 되었어요.

이 궁금증을 해결하기 위해 잭이 선택한 수단은 인터넷이었어요. 가장 손쉽게 접할 수 있는 데다 전 세계를 하나로 연결하는 정보의 바다인 인터넷은 의학적 지식이 거의 없던 잭에게 더없이 좋은 학습 도구였기 때문이죠. 잭은 인터넷에 끊임없이 질문을 던지며 췌장암에 대해 공부했어요.

그 과정에서 현재 사용되는 췌장암 진단법이 무려 60년 전에 개발된 오래된 기술이라는 충격적인 사실을 알게 되었어요. 게다가 이 진단법은 1회 검사비용이 무려 800달러(약 90만 원)에 이르고, 검사하는 데 14시간이 소요되며, 정확도도 30%에 불과할 만큼 매우 비효율적이었어요.

잭이 느낀 문제의식

문제의식을 느낀 잭은 이보다 더 효과적인 진단 기술을 개발할 수 없을까 고민했고, 그 과정에서 암에 걸리면 혈액 속에서 특정한 단백질이 증가한다는 사실을 알게 되었어요. 따라서 췌장암에 걸렸을 때 어떤 단백질이 증가하는지를 밝혀내면 지금보다 더 나은 진단 기술을 개발할 가능성이 있었죠. 그러나 이 작업은 결코 만만치 않았어요.

췌장암에 걸렸을 때 혈액 속에서 발견되는 단백질이 무려 8,000종에 달했기 때문이에요. 췌장암과 관련된 단백질을 찾으려면 이 모든 단백질을 일일이 분석해야 했기에 잭은 암담함을 느꼈어요. 그러나 이내 테드 아저씨를 떠올리며 반드시 더 나은 조기진단법을 개발하리라 다짐했다고 해요.

이때부터 췌장암 관련 단백질을 찾는 기나긴 사투가 시작되었어요. 잭은 자신에게 결코 쉽지 않은 수많은 논문을 읽어가며 단백질을 하나하나 분석하기 시작했어요. 예상했던 것보다 훨씬 더 힘든 작업이었지만 잭은 포기하지 않았어요. 그러던 어느 날 마침내 췌장암, 난소암, 폐암 등

에 걸렸을 때 증가하는 단백질 '메소텔린(mesothelin)'을 찾아내는 데 성공했어요. 무려 4,000번의 도전 끝에 이루어낸 집념의 결실이었죠.

그러나 잭은 여기서 만족할 수 없었어요. 새로운 췌장암 진단법을 개발하기 위해서는 혈액 속 수많은 단백질 중에서 메소텔린만 인식할 수 있는 도구가 필요했기 때문이에요.

잭은 바로 이 연구에 돌입했고, 어느 날 수업시간에 몰래 읽던 한 과학 논문에서 '탄소 나노튜브(carbon nanotube)'라는 존재를 알게 되었어요. 1991년 일본전기회사(NEC) 부설 연구소의 이지마 스미오(飯島澄男) 박사가 발견한 이 신소재는 육각형 고리로 연결된 탄소들이 관 모양을 이루는 지름 1나노미터(10억 분의 1미터) 크기의 미세한 분자로, 여러 가지 우수한 성질을 가지고 있어 차세대 첨단 소재로 주목받고 있었죠.

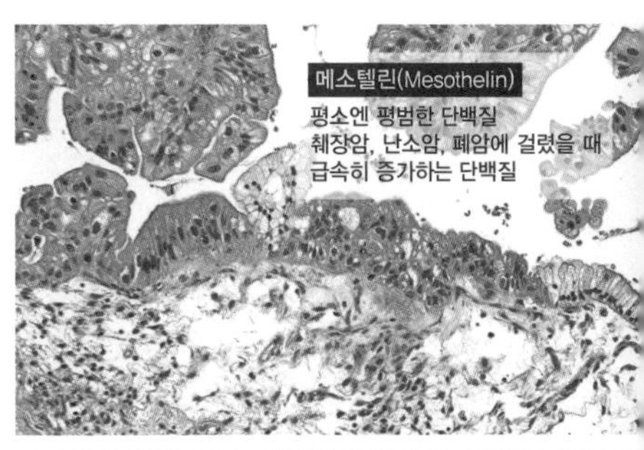

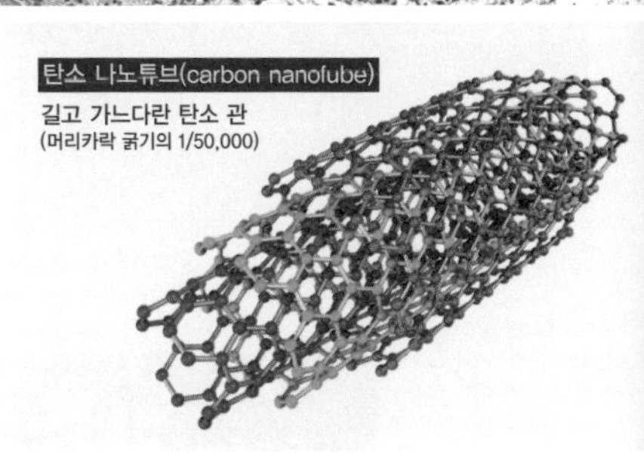

탄소 나노튜브의 성질 중 특히 잭의 눈길을 사로잡은 것은 레이더파까지 빨아들이는 놀라운 흡수력이었어요. 잭은 흡수력이 뛰어난 탄소 나노튜브에다 메소텔린에만 반응하는 항체를 결합하면 진단 센서를 만들 수 있겠다는 생각이 들었어요.

드디어 발명된 췌장암 조기진단 센서

시간이 지날수록 거듭된 실패로 인한 좌절감이 들었지만 그럼에도 잭은 제대로 된 췌장암 진단법을 만들겠다는 마음속 목표를 향해 실험을 계속해나갔어요. 마침내 장장 7개월 만에 췌장암 조기진단 센서, '옴 미터(Ohm Meter)'를 발명했답니다.

옴 미터는 세상에 알려지자마자 의학계에 큰 파문을 일으켰어요. 진단 방법이 매우 간단해서 검사하는 데 5분밖에 걸리지 않고 비용도 3센트(약 35원)밖에 안 되는, 기존의 방식보다 무려 168배나 빠르고 2만 6,000배나 저렴한 혁신적인 진단 기술이었기 때문이죠. 게다가 정확도가 100%에 가까워서 5년 생존율이 2%밖에 되지 않는 췌장암의 생존율을 획기적으로 높여주었어요.

잭은 이 공로를 인정받아 2012년 세계 최대 청소년 과학경진대회인 '인텔 ISEF'에서 최고의 상인 '고든 무어상'을 받았어요. 또한 CNN, CBS 등 수많은 언론으로부터 스포트라이트를 받았고, 백악관에 귀빈으로 초대되기도 했어요. 잭은 이에 만족하지 않고 스탠퍼드대학교에 진학해 암세포를 죽이는 나노 봇, 진단 센서 프린터 등을 연구하는 일에 매진하고 있어요.

청소년의 인터넷 게임 중독 심각

우리나라에서는 1994년 한국통신(지금의 KT)이 '코네트(KORNET)'라는 이름으로 일반 컴퓨터 통신 사용자들에게 월드 와이드 웹 기반의 인터넷 접속 및 계정 서비스를 제공하면서 본격적으로 상용화, 대중화되었어요. 이후 인터넷은 우리 일상생활에 급속도로 침투했어요.

'OECD 디지털 경제전망 2020' 보고서에 따르면 우리나라의 초고속인터넷보급률은 82% 이상으로 OECD 회원국 가운데 1위를 차지했고, 스마트폰을 보유한 성인 비율도 가장 높았답니다. 국제전기통신연합(ITU) 통계 자료에 따르면 우리나라 국민 중 88.3%가 인터넷을 사용하며, 특히 십대 청소년의 인터넷 이용률은 99.9%(한국인터넷진흥원)에 이른다고 해요. 한국의 거의 모든 청소년이 인터넷을 이용하는 셈이죠.

한국의 청소년들이 가장 많이 이용하는 인터넷 서비스는 게임입니다. 인터넷을 이용하는 청소년의 대부분이 게임을 하기 위해 인터넷을 하며, 그다음으로 정보 검색, 메신저와 채팅 등의 순으로 나타났어요. 주

로 게임을 하기 위해 인터넷을 사용하는 탓에 청소년의 인터넷 게임 중독이 심각한 사회 문제가 되고 있고 청소년 온라인 도박중독도 심각해지고 있어요. 2020년 기준으로 4년간 13배 폭증했다고 해요.

인터넷의 가치

인터넷의 가치는 여러 가지가 있지만 가장 큰 가치는 내가 잘 알지 못하고 접근할 수 없었던 정보를 쉽게, 대량으로 획득할 수 있다는 것이에요. 췌장이 무엇인지도 몰랐던 소년 잭 안드라카가 획기적인 췌장암 조기진단 센서를 개발할 수 있었던 것도 인터넷의 이러한 가치를 적극적으로 활용했기 때문이에요.

잭은 궁금증을 해결하기 위해 인터넷에 끊임없이 질문을 던지고 인터넷을 샅샅이 뒤졌어요. 그렇게 찾아낸 자료들을 탐독하여 정보를 얻었고, 이를 바탕으로 옴 미터를 발명해냈죠. 잭 안드라카에게 유일한 발명 도구는 인터넷이었고, 인터넷은 이 십대 소년이 누구도 생각해내지 못했던 췌장암 진단 센서를 개발하는 데 충분한 정보를 제공했답니다.

인터넷이 세상을 변화시킬 수 있는 도구가 될 수 있다는 것, 그것을 어떻게 사용하느냐에 따라 가치가 달라진다는 것을 보여준 잭 안드라카. 당신도 그 주인공이 되지 못하리란 법은 없어요. 인터넷, 소프트웨어는

호기심을 가지고 무엇이든 시도할 준비가 되어 있는 사람에게 답을 주고 새로운 발견을 할 수 있도록 돕기 때문이죠. 자신이 할 수 있는 것을 상상하고 열정을 가지고 찾아보세요. 그러면 누구든지 인터넷과 소프트웨어를 세상을 변화시키는 도구로 만들 수 있답니다.

에스토니안 마피아

"과거의 시스템을 버리는 것보다
과거의 생각을 버리는 게 더 중요하다."

– 토마스 헨드리크 일베스(전 에스토니아 대통령)

EBS 〈에스토니안 마피아〉
영상 보기

1989년 8월 23일
리투아니아, 라트비아, 에스토니아를 잇는 발트의 길 위에
620킬로미터에 이르는
인간 사슬이 만들어졌다.

러시아로부터 독립을 요구하며
그들이 부른 자유의 노래

바바두스(Vabadus)!
자유!

바바두스!
자유!

세상에서 가장 아름다운 혁명

노래하는 혁명(Singing revolution)

덴마크, 독일, 스웨덴, 러시아….
잊을 만하면
지배국가가 바뀌던 나라
에스토니아

노래 혁명 후 2년,

1991년 소비에트연방 붕괴로
비로소 50년 만에 찾은 자유

하지만
남한 면적의 2분의 1인 좁은 영토,
135만여 명의 적은 인구
그리고
가난한 정부

뼈아픈 자각

가진 것이 없다.

에스토니아가 선택한
승부수

'Tiger Leap' 프로젝트
호랑이의 도약

1998년까지 모든 학교에 컴퓨터 보급
2000년 '인터넷 접근권' 국민 기본 인권 선언

변화 속에 태어난 아이들부터
노인들까지

전 국민을 대상으로
기초 소프트웨어 교육 시행

강력한 IT 정책을 펼친다.

이후,

2003년 전자정부 구축

전 세계 국가 중 인터넷 속도 1위(2010년 기준)

가진 것을 넘어

상상하고 창조하는

또 하나의 자유

2011년 영국의 한 벤처 창업 경진대회

결선 20팀 중 4팀이

에스토니아 출신

"이들은 마치 마피아 같다."

– 당시 심사위원 데이브 매클루어(500스타트업스 회장)

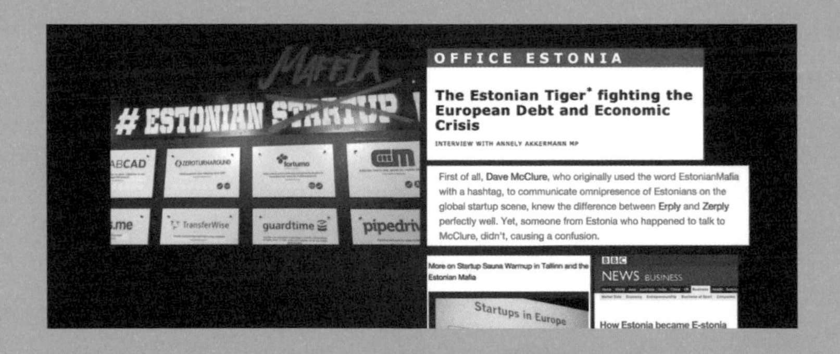

피어나는 '기술'
몰려드는 '돈'

창업하는 데 20분도 안 걸리는 나라
에스토니아

불꽃처럼 퍼져나간 스타트업 열기

온라인 파일 공유 소프트웨어 개발
인터넷 전화 소프트웨어 개발
공인인증서 소프트웨어 개발

세계 최초의
전자투표 소프트웨어 개발

1993년 GDP
2,596달러

2013년 GDP
1만 8,478달러

일을 낸 마피아들

그들의 혁명은
아직 끝나지 않았다.

에스토니아 의회

작지만 강한 IT 국가, 에스토니아

1991년 8월 20일, 드디어 구소련으로부터 자유를 얻게 된 에스토니아. 그러나 독립의 기쁨은 오래가지 않았어요. 독립 당시 에스토니아는 대부분 가정에 전화기가 없을 정도로 가난한 나라였어요. 그뿐 아니라 땅덩어리도 작고, 인구도 적고, 쓸 만한 천연자원도 거의 없는, 그야말로 자유 하나 말고는 가진 것이 아무것도 없는 나라였죠.

엎친 데 덮친 격으로 독립과 함께 교역량이 급감하고 러시아산 원유 공급마저 끊기고 말았어요. 에스토니아의 주요 교역 상대가 러시아

였기 때문이에요. 에스토니아는 경제성장률 마이너스 14%, 인플레이션 87.5%를 기록할 정도로 최악의 경제위기를 맞이했어요. 그 결과 1993년 에스토니아의 1인당 국내총생산(GDP)은 약 2,500달러에 지나지 않았답니다.

그런데 그로부터 20년이 지난 2013년 에스토니아는 1인당 국내총생산이 1만 8,478달러에 이르는 것은 물론 유럽 국가 중 정부 부채비율이 가장 낮은 국가(2010년 기준 6.7%)로 성장해 '발트의 호랑이'로 불리고 있어요. 물론 유럽의 다른 부국에 비할 바는 아니지만 구소련 붕괴 후 비슷한 시기에, 비슷한 독립 과정을 거친 나라들과 비교하면 기적이라 부를 만한 성과랍니다.

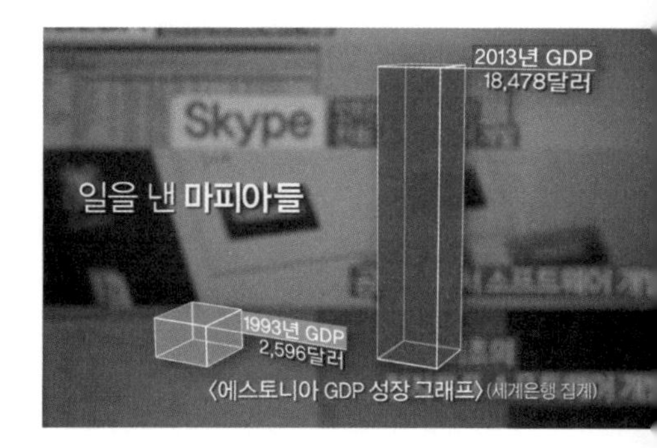

〈에스토니아 GDP 성장 그래프〉 (세계은행 집계)

에스토니아의 경제성장률의 바탕에는 강력한 IT 기술이 있었다

에스토니아가 단기간에 믿기 힘든 경제성장률을 기록할 수 있었던 바탕에는 강력한 정보 기술, 즉 IT 기술이 있었어요.

에스토니아는 유럽은 물론 전 세계가 벤치마킹 대상으로 삼을 정도로 IT 강국이에요. 온라인을 통해 불가능한 일은 결혼과 이혼, 주택 거래뿐이라고 할 정도로 에스토니아는 학교, 공공기관, 대형 쇼핑몰과 같은 공공장소는 물론 산간벽지에도 인터넷이 보급되어 있어요. 심지어 깊은

산속에서도 와이파이(WiFi)망을 통해 인터넷을 무제한으로 이용할 수 있어요.

국민의 인터넷 이용률도 높아요. 에스토니아 경제통신부 자료에 따르면 2013년 기준 16~74세 에스토니아 국민의 80%, 특히 젊은 세대는 거의 100%가 인터넷을 이용하는 것으로 나타났어요.

에스토니아는 IT 기반의 사회적 인프라와 공공 시스템이 잘 갖춰져 있기 때문에 개인은 물론 기업까지 은행 업무, 세금 신고, 세금 환급 등을 거의 인터넷으로 처리해요. 그 절차 또한 간단해 5분 이내에 모든 일을 끝마칠 수 있답니다. 또한 창업 신고 및 허가도 집 안에서 인터넷을 통해 약 20분이면 할 수 있어요. 일일이 관계기관을 찾아다니거나 온갖 서류를 갖춰 제출할 필요가 없는 거죠. 누구나 20분 정도만 투자하면 창업이 가능한 나라가 바로 에스토니아에요.

그뿐 아니라 디지털 신분증인 '아이디카드'만 있으면 e에스토니아 인터넷망인 'X로드'에 접속해 교통, 금융, 행정 서비스, 공공시설, 의료,

투표 등 2,800가지에 이르는 공공·민간 서비스를 이용할 수 있어요. 아이디카드는 컴퓨터에 직접 꽂아 본인 인증을 할 수 있기 때문에 사용하기도 편리해요.

최근에는 이마저도 모바일 아이디로 대체되었기에 스마트폰을 통해 훨씬 간편하게 다양한 서비스를 이용할 수 있다고 해요. 심지어 2005년에는 세계 최초로 인터넷을 통한 전자투표도 도입했답니다.

IT만이 살길이다

에스토니아가 디지털 사회로 성공적으로 전환할 수 있었던 결정적인 비결은 독립 직후부터 정부와 40여 개의 기업이 긴밀하게 협조하며 사회 인프라 건설을 추진한 것 때문이에요.

정부는 IBM이나 마이크로소프트와 같은 글로벌 기업 대신 자국 기업과 함께 성장하겠다는 전략을 펼쳤어요. 이를 통해 단시간에 적은 비용으로 국가의 IT 경쟁력을 세계 최고 수준으로 끌어올렸죠. 그 과정에

서 함께 성장한 에스토니아의 기업들, 특히 IT 기업들은 2012년 기준 국가 전체 수출액의 12.5%를 담당할 정도로 국가 경제 발전에 견인차 역할을 하고 있답니다.

독립 직후부터 지금까지 정부와 긴밀하게 협력하며 에스토니아의 경제 성장을 이끄는 대표적 IT 기업에는 사이버네티카(Cybernetica, 정부와 기업 간 데이터 교환 시스템), 악터스 IT(Aktors IT, 데이터 통합), TRUB(아이디카드), 가드타임(Guardtime, 사이버 보안), SK(디지털 서명 시스템), 노르탈(개인 의료·재정 정보 관리) 등이 있어요.

독립 직후 에스토니아는 IT만이 살길이라고 여기며 IT 기술을 기반으로 하는 전자정부 사업을 적극적으로 추진해왔어요.

그 결과 현재 에스토니아는 대통령을 비롯해 모든 국민의 개인정보가 전산화되어 있고, 정부는 물론 기업과 개인의 모든 활동이 전산망을 통해 이루어져 있어요. 따라서 간편하게 인터넷을 통해 모든 공공 서비스를 이용할 수 있음은 물론 정부와 기업, 개인을 가리지 않고 모든 정보

가 투명하게 공개된답니다. 즉, IT 기술은 에스토니아 국가 경쟁력의 근간인 동시에 정경유착, 뇌물수수와 같은 병폐가 없는 공정하고 투명한 사회를 만드는 기둥인 것이죠.

공정하고 투명한 사회라는 평판은 국제사회의 자본을 끌어들이는 기능을 하여 에스토니아의 또 다른 국가 경쟁력이 되고 있어요.

스타트업 프리덤

2011년 미국 실리콘밸리의 유명한 벤처투자가 데이브 매클루어(Dave McClure) 500스타트업스 회장은 영국에서 열린 벤처 창업 경진대회에 심사위원으로 참여했어요. 그런데 심사 도중 그는 놀라운 광경을 목격했답니다. 본선 진출 20개 팀 중 4개 팀이 에스토니아 출신이었던 것이에요.

세계 각국에서 수많은 팀이 몰려들어 치열한 경쟁을 벌이는 이 대회에서 인구가 130여만 명에 불과한 작은 나라의 팀이 20개 팀 중 4개 팀

데이브 매클루어

이 본선에 진출한 것은 매우 이례적인 일이었어요.

그는 세계 어느 나라의 젊은이들보다 스타트업(start-up, 혁신적인 기술과 아이디어를 보유한 신생 벤처기업) 창업에 열정적이고 실력이 뛰어난 이들을 마피아에 비유했어요. 이후 IT 분야에서 적극적으로 창업을 모색하는 에스토니아 청년들을 가리켜 '에스토니안 마피아'라고 부른답니다.

실제로 에스토니아는 국토 면적이 세계 132위에 불과할 정도로 아주 작은 나라이지만 IT 창업에 있어서만큼은 손꼽히는 대국이에요. 인구 100만 명당 창업 기업의 수가 무려 110개로, 이스라엘과 미국에 이어 3위랍니다. 이러한 일이 가능한 이유는 정부 차원에서 청년들이 IT 창업에 적극적으로 나설 수 있도록 지원을 아끼지 않기 때문이에요.

IT 창업을 돕는 개러지 48 허브

에스토니아 정부는 독립 초창기부터 경제 성장 동력으로 IT를 주목하고, IT 창업을 활성화하기 위해 다양한 지원 프로그램을 운영해왔어요.

150여 개의 기업과 산학협력 기관들에 창업 공간을 제공하는 테크노폴은 비즈니스 허브의 역할을 했죠. 그리고 공적 기능이 강한 벤처캐피털로 스마트캡(SmartCap), EstVCA 등이 있는데 이들은 IT 창업과 IT 기업의 성장에 도움이 되는 다양한 역할을 수행하고 있어요.

또한 토마스 헨드리크 일베스(Toomas Hendrik Ilves) 전 대통령은 창업과 관련한 모든 절차를 디지털화하고 과정 자체를 최소화하여 디지털 신분증인 아이디카드만 있으면 원스톱으로 창업하는 길을 마련했어요.

정부뿐만 아니라 창업에 성공한 기업들도 에스토니아 청년들이 IT 창업에 적극적으로 나설 수 있도록 물심양면으로 돕고 있어요. 사업을 시작한 스타트업에 가장 필요한 것은 일할 수 있는 공간이잖아요? 스타트업들은 자본도 부족하고 당장 수익이 나지 않기 때문에 임대료가 큰 부담이랍니다.

그 밖에도 사업 진행상 많은 어려움을 겪는데, 노하우와 경험 부족도 큰 몫을 차지해요. 어떤 문제에 부딪혔을 때 조언해주고 해결책을 함께 모색할 수 있는 멘토의 존재도 절실하죠. 스타트업들의 이런 사정을 잘

알기에 창업에 성공한 기업들이 뜻을 모아 지원에 나서고 있어요. 젊은 후배들을 위해 마련된 공간인 '개러지 48 허브(garage 48 hub)'가 대표적이랍니다.

처음에 개러지 48 허브는 일할 수 있는 공간을 마련하는 데 초점을 두고 운영되었어요. 이곳을 통해 창업에 크게 성공하는 사례가 나오면서 지금은 에스토니아를 대표하는 스타트업 액셀러레이터(accelerator)가 되었죠.

액셀러레이터는 스타트업이 성장할 수 있도록 도움을 주는 조직을 일컫는 말이에요. 금전적인 투자뿐만 아니라 교육과 멘토링을 제공하고, 벤처캐피털이나 스타트업이 필요한 사람과 조직을 연결해주는 역할도 한답니다.

대표적인 곳으로 미국 실리콘밸리의 500스타트업스, 와이컴비네이터, 테크스타 등이 있어요. 한국에서도 이에 대한 관심이 폭발적으로 증가해 많은 액셀러레이터가 활동하고 있답니다.

48시간 해커톤

개러지 48 허브가 명성을 얻는 데 결정적인 역할을 한 것은 해커톤(Hackathon) 대회였어요. 해커톤은 어려운 프로그램을 구축하거나 그 과정에서 순수한 즐거움을 느끼는 행위인 '해킹(hacking)'과 '마라톤(marathon)'의 합성어에요.

소프트웨어 개발 분야의 프로그래머나 관련된 그래픽 디자이너, 사용자 인터페이스 설계자, 프로젝트 매니저 등이 한 장소에 모여 마라톤을 하듯 장시간 쉬지 않고 특정 문제를 해결하는 협업 프로젝트라는 의미를 담은 이름이에요.

해커톤 대회의 궁극적인 목적은 고전적인 사고방식이나 아이디어 구상 방식에서 벗어나, 창의적인 방법으로 세상을 변화시킬 수 있는 '서비스'를 발굴해내는 데 있어요.

보통 4~5명이 한 팀을 이뤄 1일부터 1주일 정도의 기간에 걸쳐 진행된답니다. 프로그래밍 언어, 운영체제, 응용 프로그램 등 특정한 주제를 정해놓고 열리는 경우도 있고 아무 제한 없이 열리는 경우도 있어요.

해커톤은 1999년 6월 캐나다 캘거리에서 열린 컴퓨터 암호 개발 이벤트에서 처음 시작되었어요. 이후 이를 활성화한 것은 미국의 한 회사였어요. 바로 세계 최대의 SNS 웹사이트인 페이스북(Facebook)이었죠. 이곳에서 사내 행사로 시작된 해커톤은 페이스북을 대표하는 하나의 문화로 자리 잡았어요.

해커톤은 페이스북의 주요 원동력 중 하나라고 해도 과언이 아닐 정도로 페이스북이 성장하는 데 결정적인 기여를 한 수많은 기능을 탄생시켰답니다. 좋아요 버튼, 타임라인, 음력생일 표시, 채팅과 비디오 메시지 등 현재 일상화된 대부분의 기능이 바로 페이스북 사내 해커톤 대회에서 나온 결과물이랍니다.

에스토니아는 IT 분야에 조금이라도 관심을 가진 사람이라면 누구나 아는 여러 개의 글로벌 IT 기업을 배출했어요. 2005년 세계적인 온라인

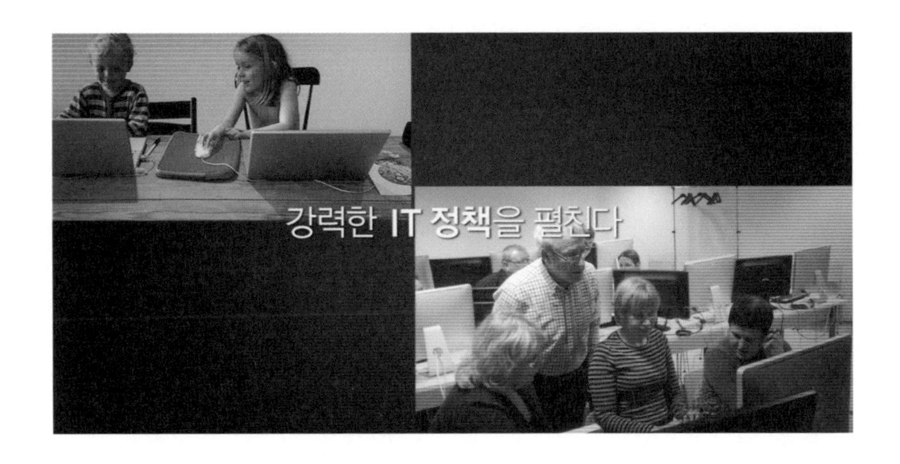

경매 업체이자 인터넷 쇼핑몰 회사인 이베이(eBay)에 26억 달러에 인수된 세계 최대 인터넷 전화 기업 스카이프(skype), 세계 최대의 개인 간 해외 송금 업체인 트랜스퍼와이즈(TransferWise)가 대표적이에요.

에스토니아는 한국의 절반밖에 안 될 정도로 국토가 좁고, 인구도 대전광역시보다 적은 나라에요. 이곳에서 이처럼 세계적인 기업들이 탄생할 수 있었던 것은 독립 직후 IT를 국가 경제의 성장 동력으로 삼고 정부와 기업이 함께 손을 잡고 IT산업을 활성화하고 IT 창업을 전폭적으로 지원했기 때문이에요.

노래 혁명이 에스토니아에 자유를 가져왔듯 정부와 기업 주도의 IT 혁명이 청년들에게 창업을 하는 데 한계를 모르는 자유를 안겨주어 에스토니아를 스타트업 천국, IT 창업 대국으로 만든 것이랍니다.

Chapter 2

코딩과 소프트웨어, 어떻게 이해할 것인가

- 소프트웨어, 세상에 로그인하다
- 세상을 밝힌 논리식
- 컴퓨터의 스무고개
- 클릭, 컴퓨터 속으로
- 컴퓨터 오류 수정의 비밀
- 기본 위에 세워진 신뢰성, 데이터베이스
- 사이버 전쟁, 창과 방패의 대결

소프트웨어,
세상에 로그인하다

“미래는 이미 우리 앞에 와 있다.
다만 널리 퍼져 있지 않을 뿐이다.”

– 윌리엄 깁슨(SF 소설가)

EBS 〈소프트웨어, 세상에 로그인하다〉
영상 보기

1969년 10월 29일

UCLA(캘리포니아대학교) ~~~~~~~~~~ SRI(스탠퍼드대학교 연구소)

세계 최초의 원거리 데이터 통신

세계 최초의 인터넷 연결

밤 10:30

SRI와 통신 성공

이때 전송한 다섯 글자

login

현재

전 세계 인구의 절반가량이 인터넷으로 연결되어 있다.

정보의 시대

인터넷을 통해 사람들은 원하는 정보를

쉽게 찾을 수 있게 되었다.

그리고

인터넷에 연결된 사람 수보다
더 많은 것

사물들(things)

모든 사물이 연결되는 시대
(internet of things)

사물인터넷(IoT: Internet of Things) ▼

생활 속 사물끼리 인터넷으로 연결되어 정보를 주고받는
기술 및 환경

-

9시 뉴스 시청 중입니다.

뉴스 후 전원은 자동으로 꺼지니

취침 준비 바랍니다.

-

편안한 취침을 위해

조도를 낮추겠습니다.

-

취침 중 안전을 위해

보안을 강화하겠습니다.

"단순한 정보화를 넘어서
주변 사물이 스스로 모은 정보를
사람에게 직접 조언하는 지혜의 네트워크"

– 이어령(전 문화부 장관)

똑똑한 사물을 움직이는 힘

설계
↓
비전
↓
가능성
↓
소프트웨어

소프트웨어, 세상에 로그인하다.

미국과 구소련의 경쟁

인터넷은 1969년 미국 국방성 산하 고등연구계획국(ARPA: Advanced Research Projects Agency)이 설립한 아르파넷(ARPANET: Advanced Research Projects Agency Network)에서 시작되었어요. 미 국방성이 아르파넷 개발에 착수한 이유는 전쟁이 발생해 적의 공격으로 컴퓨터 통신망 중 하나가 파괴되더라도 타격을 입지 않고 데이터를 안정적으로 전송할 수 있는 통신 체제가 절실했기 때문입니다.

미국 국방성

당시 세계는 미국을 중심으로 하는 자유민주주의 국가와 구소련을 중심으로 하는 사회주의 국가 간에 이념과 체제가 팽팽하게 대립하고 있었어요.

미국은 구소련보다 과학 기술은 물론 핵을 포함한 군사력 면에서도 월등하게 앞선다는 강한 자신감을 가지고 있었죠. 그런데 1957년 10월 구소련이 세계 최초로 인공위성 스푸트니크 1호를 발사하면서 미국의 자신감은 급격하게 추락했어요. 이 사건으로 큰 충격을 받은 미국은 절체절명의 위기의식을 느끼고 항공우주 분야와 국방 분야에 혁신을 단행하며 대대적인 투자를 하기 시작했습니다.

이때 무엇보다 변화가 시급한 문제로 대두된 것이 '회선 교환 방식(circuit switching system)'의 데이터 통신망이었어요. 회선 교환 방식이란 음성전화처럼 송신자와 수신자 사이에 통신 회선이 확보되어야만 데이터를 주고받을 수 있는 통신 방식을 말합니다. 데이터가 오가는 전송로 중 한 곳이라도 문제가 생기면 전체 통신망이 제 기능을 하지 못하게 되지요.

구소련이 인공위성 발사에 성공하기 이전까지는 회선 교환 방식이 그리 문제가 되지 않았어요. 그러나 인공위성이 발사된 이후에는 결코 간과할 수 없는 중대한 약점이 되었답니다. 지구 밖 머나먼 우주까지 인공위성을 쏘아 올렸다는 것은 다른 대륙까지 핵탄두와 같은 파괴력이 어마어마한 무기를 장착한 미사일을 쏘아 보낼 수 있음을 의미했기 때문이에요.

그와 같은 공격으로 회선망 중 일부가 손상된다면 전체 기능이 마비될 것이기에 반드시 보완이 필요했습니다.

인터넷의 시작, 아르파넷

미국 정부와 관련 전문가들은 개선 방법을 연구한 끝에 '패킷 교환 방식(packet switching system)'을 개발했어요. 패킷(packet)이란 소화물을 의미하는 패키지(package)와 덩어리를 뜻하는 버킷(bucket)의 합성어입니다.

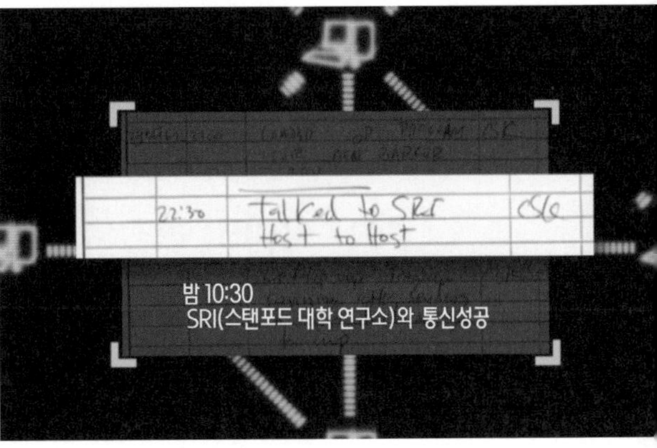

패킷 교환 방식은 정보나 파일을 일정한 크기의 패킷들로 나눠 인터넷 네트워크상 하나가 아닌 여러 경로를 통해 전송하는 방식이에요.

큰 화물을 적당한 크기로 나눠 목적지를 표시한 꼬리표를 붙이는 것과 비슷하다고 보면 됩니다. 그렇게 전송된 패킷들이 수신지에 도착하면 원래 정보나 파일로 재조립된답니다. 정보나 파일을 여러 경로를 통해 분산시켜 전송하기 때문에 회선망 중 일부에 문제가 생겨도 전체 기능이 마비되지 않아요.

미 국방성의 주도로 이루어진 패킷 교환 방식의 아르파넷 프로젝트에는 여러 기관과 연구팀이 참여해 통신망 구축을 위한 구체적인 작업을 수행했어요. 그 결과 1969년 10월 29일 미국 캘리포니아주립대학교 LA캠퍼스(UCLA)의 레너드 클라인로크(Leornad Kleinrock) 교수와 그의 연구팀이 캘리포니아주립대학교 LA캠퍼스에서 약 600킬로미터 떨어진 스탠퍼드대학교 연구소(SRI)에 정보를 보내는 데 성공했습니다.

이때 보낸 정보는 다섯 글자로 이루어진 메시지였는데, 바로 'login'이었답니다. 이로써 진정한 의미의 컴퓨터 간 네트워크, 즉 인터넷의 시대가 열린 것이죠.

모든 사람이 연결되는 시대

1969년 최초로 컴퓨터 통신에 성공한 이후, 아르파넷에 연결되는 컴퓨터 수는 점점 늘어났어요. 1973년에는 미국 아르파넷과 영국, 노르웨이 등 대서양을 횡단하는 컴퓨터 통신에도 성공하면서 아르파넷은 본격적으로 국제 컴퓨터 네트워크망으로 성장하기 시작했어요.

이러한 성장은 이메일, 텔넷, TCP/IP(Transfer Control Protocol/Internet Protocol) 등이 개발되는 기술적 토대가 되었습니다. 이 중 TCP/IP는 오늘날 인터넷의 기반이 되었다고 해도 과언이 아닐 정도로 인터넷이 발전하는 데 지대한 역할을 했어요.

TCP/IP를 개발한 사람은 아르파넷 프로젝트를 이끈 핵심 인물이자 현재 구글의 부사장인 빈턴 그레이 서프(Vinton Gray Cerf)이에요. 현재 TCP/IP는 인터넷에서 사용하는 표준 프로토콜(protocol)로 자리 잡았습니다. 프로토콜이란 컴퓨터끼리 정보를 주고받는 과정에서 발생할 수 있

는 오류를 최소화하여 정보를 원활하게 교환하기 위해 만들어진 통신 방법에 대한 규칙과 약속을 말해요.

TCP/IP와 같은 통신 규약이 필요한 이유는 기종이 다른 컴퓨터는 대개 서로 다른 통신 규약을 사용하기 때문이에요. 먼 거리에 있는 컴퓨터 간에 서로 정보를 주고받다 보면 그 정보신호가 흘러다니는 통신망에 흐름을 방해하는 여러 가지 현상이 발생합니다.

이 현상들은 정보가 정확하게 전송되는 것을 방해해 오류를 발생시키는 원인이 된답니다. 따라서 사전에 컴퓨터들끼리 이 오류에 대응하기 위한 규칙과 약속을 확실하게 정해두지 않으면 정보를 정확하고 효율적으로 전송할 수가 없어요. TCP/IP는 바로 그 약속의 집합이라고 할 수 있고, 이 통신 규약이 있기 때문에 전 세계의 수많은 컴퓨터가 별다른 문제없이 정보를 주고받을 수 있는 것이에요.

참고로, TCP/IP에서 TCP는 파일을 좀 더 작은 패킷들로 나누어 인터넷 네트워크를 통해 전송하는 일과 수신된 패킷들을 원래의 정보나 파일로 조립하는 일을 담당하고, IP는 각 패킷의 주소 부분을 처리해 패킷들이 목적지에 정확하게 도달하도록 하는 기능을 수행합니다.

월드 와이드 웹(www) 개발

TCP/IP가 인터넷이 현재와 같은 모습으로 발전하는 데 중요한 토대가 된 것은 분명한 사실이지만, 이때까지도 인터넷은 극소수의 전문가만이 사용하는 도구였어요. 지금은 인터넷이 폭발적으로 성장하고 상업화되면서 휴대전화까지 컴퓨터 네트워크로 연결되어 정보를 교환하고 있습니다. 이렇게 되는 데 결정적인 역할을 한 존재는 흔히 웹이라고 부르는 '월드 와이드 웹(WWW)'으로, 1989년 영국의 컴퓨터공학자 팀 버너스 리가 개발했어요.

월드 와이드 웹은 인터넷상에 흩어져 있는 온갖 정보를 통일된 방법으로 쉽게 찾아볼 수 있게 하는 광역 정보 서비스 또는 소프트웨어입니다. 이는 '하이퍼텍스트(hypertext)'라는 기능이 있어서 가능한데, 하이퍼텍스트는 일반적인 문서처럼 연속된 것이 아니라 사이사이에 연결이 있어서 어떤 부분을 보다가 그 연결을 따라가면서 관련된 다른 부분을 참조할 수 있게 하는 문서에요. 쉽게 설명하면 링크에 의해 열리는 문서라고 할 수 있습니다.

현재 우리가 굳이 도서관을 찾아가지 않아도 집 안에서 간단한 인터넷 검색만으로 원하는 정보에 접근할 수 있고, 시장에 가지 않아도 마우스를 몇 번 클릭하는 것만으로 원하는 물건을 구매할 수 있는 것은 모두 인터넷, 엄밀하게 말하면 월드 와이드 웹 덕분이에요.

이 놀라운 소프트웨어는 인터넷의 대중화와 보급화를 이끌었고, 일부 컴퓨터로 제한되던 인터넷을 전 세계의 컴퓨터가 연결되는 지구적 네트워크로 확대해주었답니다. 즉, 월드 와이드 웹은 전 세계 컴퓨터 사용자가 인터넷을 통해 연결되는 세상을 맞이하는 데 결정적인 역할을 한 존재인 것이죠.

사물과 사물이 연결되는 세상

인터넷 기술은 여기서 그치지 않고 지속적으로 발전했어요. 현재 인류는 사람과 사람은 물론 사람과 사물, 더 나아가 사물과 사물이 인터넷

으로 연결되어 정보를 교환하는 사물인터넷 시대를 앞두고 있어요. 사물인터넷은 사물에 센서를 부착해 인터넷을 통해 실시간으로 정보를 주고받도록 한 기술을 일컫는데요 많은 전문가가 향후 인류의 삶에 획기적인 변화를 일으킬 것으로 전망하는 미래의 혁신기술 중 하나랍니다.

지금도 인터넷에 연결된 사물들은 적지 않지만, 대부분 스마트폰 등을 이용해 사물을 제어해야 해요. 즉, 지금은 인간의 조작이 개입되어야 하는 환경인 거죠. 그러나 본격적으로 사물인터넷 시대가 열리면 인간이 개입하지 않아도 인터넷에 연결된 사물들이 자율적으로 정보를 주고받을 수 있게 된답니다. 그렇게 되면 인류는 지금까지 경험하지 못한 편리하고 윤택한 삶을 누릴 수 있겠죠? 공상과학 영화 또는 소설에서나 있을 법한 일들이 현실세계에서 일어나는 것이에요.

사물인터넷 (Internet of Things)
생활 속 사물끼리 인터넷으로 연결돼 정보를 주고받는 환경

사물인터넷 시대에 일어나는 일

예를 들어 사물인터넷 시대를 사는 가상 인물 A가 있다고 해봅시다. A의 하루를 통해 사물인터넷 세상을 간략하게 상상해보면 다음과 같아요.

평소 A의 기상 시각은 7시입니다. 그런데 웬일인지 오늘은 30분 일찍 스마트폰 알람이 울렸어요. 알고 보니 교통사고로 출근길 도로가 심하게 정체되고 있다는 뉴스가 뜬 것. 알람 소리와 함께 집 안의 전등이 저절로 켜집니다.

잠자리에서 일어난 A는 슬리퍼를 신고 화장실로 가서 양치질을 해요. 이때 A가 사용하는 칫솔과 슬리퍼는 그냥 칫솔과 슬리퍼가 아닙니다. 스마트 칫솔과 스마트 슬리퍼로, 이를 통해 A의 구강 상태와 체중에 관한 정보가 개인 클라우드로 전송됩니다.

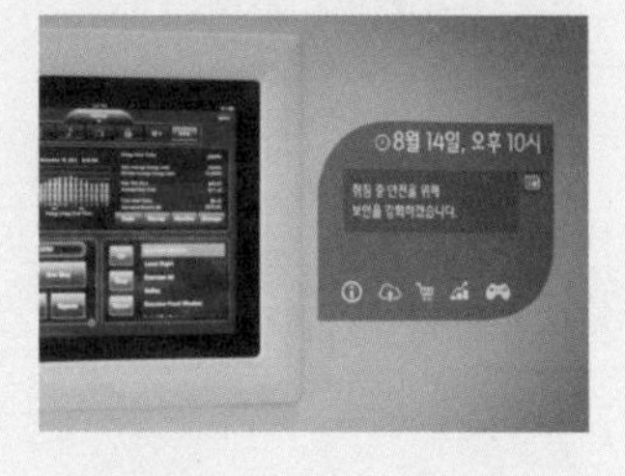

그런 다음에는 이를 토대로 분석된 정보가 그가 착용하는 스마트 시계로

전송됩니다. 현재 A는 체중 감량과 건강 관리가 필요한 상태. 이 메시지를 확인한 후 주방으로 향한 A가 냉장고 가까이 다가가자 냉장고가 현재 보관 중인 재료로 만들 수 있는 건강 식단 목록을 액정 화면으로 보여줍니다.

그 목록을 참고하여 아침 식사를 마치고 출근길에 나섭니다. A가 집을 나서자마자 문이 잠김과 동시에 집 안의 모든 전기기기가 저절로 꺼지고 가스도 안전하게 차단됩니다.

이것이 모든 사물이 인터넷으로 연결되어 정보를 교환하는 사물인터넷 세상의 흔한 풍경입니다.

인터넷이 사람과 사람, 사람과 사물, 사물과 사물을 연결하여 인류에게 풍요로운 삶을 선사하는 지혜의 네트워크로 진화하기까지는 채 50년이 걸리지 않았습니다. 인터넷이 이처럼 단시간에 세상의 모든 것을 연결하고 인류에게 수많은 혜택을 제공하는 지혜의 네트워크가 될 수 있었

던 바탕에는 이 모든 것을 가능하게 한 '소프트웨어'가 있습니다.

소프트웨어가 없었다면 인류는 지금과 같은 디지털 세상과 조우하지 못했을 것이에요. 다섯 글자의 메시지 'login'에서 시작된 인터넷은 지금 이 순간에도 진화하며 인류의 삶을 보다 풍요롭고 가치 있게 변화시키고 있답니다.

세상을 밝힌 논리식

“아무리 복잡한 문장이라도
수식을 통해 분석하고 정리할 수 있다.”

– 조지 불(논리 연산 체계 개발자)

EBS 〈세상을 밝힌 논리식〉
영상 보기

"인간 고유의 능력인
논리적 사고에 의해서만
진리에 도달할 수 있다."

– 고대 그리스 스토아학파

인간 고유의 능력
논리적 사고?

"그러한 것을 그러하다고 하는 것을
참이라 하고,
그러한 것을 그러하지 않다고 하는 것을
거짓이라고 한다."

아리스토텔레스가 정의한 참과 거짓
논리적 사고의 기본

오직 인간만이
참과 거짓을 가릴 수 있다는
인류의 오랜 믿음

그러나 19세기,

인간의 논리적 사고를
수식으로 나타내어
연산할 수 있다고 생각한 사람이 있었다.
조지 불

참과 참이 만났을 때
참이라는 결과를 만들어내는
AND 연산

한쪽에만 참이 있어도
참이라는 결과를 만들어내는
OR 연산

조지 불

그런데
논리를 수식으로 바꾸는 것이
무슨 쓸모가 있을까?

사람들의 냉담한 반응
잊혀진 조지 불의 논리 연산 체계

1930년대 중반
미국의 MIT 논리학 수업시간
그 누구도 생각하지 못한
참신한 아이디어를 떠올린
한 대학원생

"수학으로 표현된 논리를
전기로 구현해보면 어떨까?"

전화기 교환기에 사용되는
계전기와 스위치만을 이용해
불의 논리를 전기회로로 구현하다.

이진수를 기반으로
불이 켜졌다 꺼지는
간단한 컴퓨터 '논리 게이트' 탄생

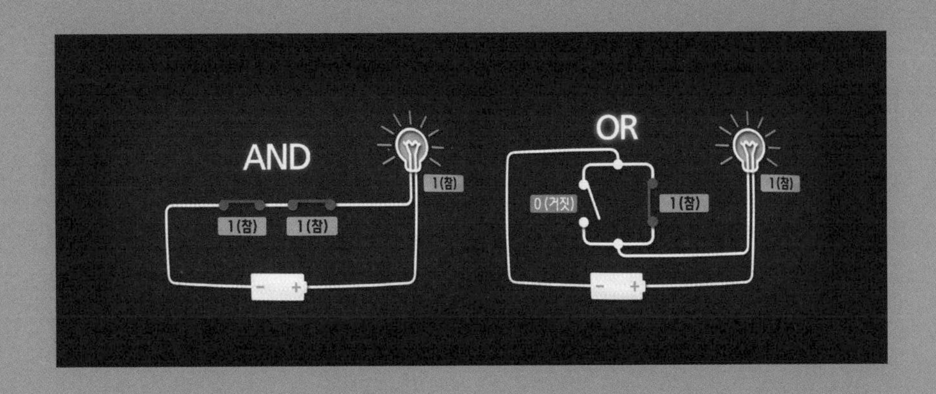

논리 게이트,

복잡한 연산을 처리하는 연산처리기

프로세서의 기초

곧 다가올

디지털 혁명의 토대가 되다.

미국 전자통신 시대의 서막을 열어

'디지털의 아버지'로 불리는 인물

클로드 섀넌

잊혀가던 조지 불의 아이디어를 살려내

논리 게이트를 만든 사람

그가 밝힌 것은

하나의 전구가 아닌

인류 전체의 미래였다.

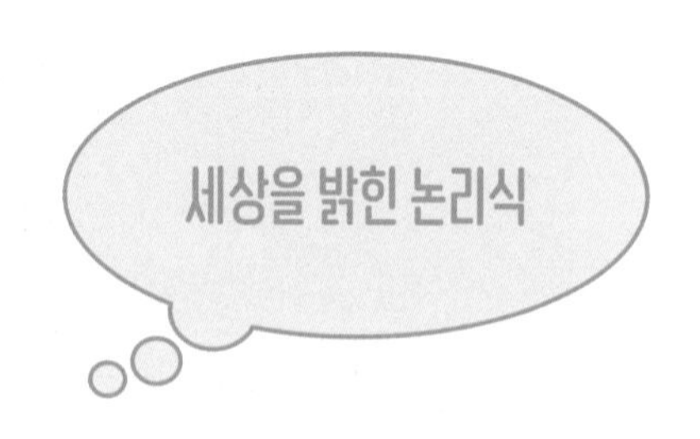

아리스토텔레스의 삼단논법

논리학의 창시자는 아리스토텔레스(Aristoteles, B.C. 384~B.C. 322)입니다. 고대에 최대의 학문적 체계를 확립했고, 중세 시대의 스콜라 철학을 비롯하여 후대의 학문에 많은 영향을 미친 철학자이죠. 아리스토텔레스는 전통적인 논리학에서 대표적인 간접 추리논법인 '삼단논법(syllogism)'을 만들어 논리학의 발전에 크게 기여했어요.

삼단논법은 일반적 진술 하나(대전제)와 특수 진술 하나(소전제)를 근거로 삼아 또 다른 특수 진술 하나(결론)가 진리라는 것을 증명하는, 2개

의 전제와 1개의 결론으로 구성된 추론 방법을 말해요. 삼단논법은 소전제보다 큰 개념인 대전제가 소전제를 포함하고 있어야 논법이 성립됩니다.

아리스토텔레스의 삼단논법

인간(A)은 생각하는 동물(B)이다. → 대전제 A = B

아리스토텔레스(C)는 인간(A)이다. → 소전제 C = A

그러므로 아리스토텔레스(C)는 생각하는 동물(B)이다. → 결론 C = B

삼단논법은 전제의 성격에 따라 정언삼단논법, 가언삼단논법, 선언삼단논법으로 구분됩니다. 이 중에서 가장 중요한 것이 정언삼단논법이며, 일반적으로 삼단논법 하면 정언삼단논법을 가리켜요. 정언삼단논법은 'A는 B다(대전제), C는 A다(소전제), 따라서 C는 B다(결론)'라는 형식을 취하는 논법을 말해요.

가언삼단논법은 '만일 A라면 B다(대전제), A다(소전제), 따라서 B다(결론)'라는 형식의 논법이고, 선언삼단논법은 'A 또는 B다(대전제), A는 아니다(소전제), 따라서 B다(결론)'라는 형식을 취하는 논법이에요.

삼단논법으로 대표되는 아리스토텔레스의 논리학은 19세기까지 완벽한 것으로 간주되었어요. 그러나 모든 논증을 삼단논법으로 분석하는 것은 불충분하고 부정확하다는 주장이 제기되면서, 이에 부합하는 논증 형식을 새로이 분류한 여러 가지 이론체계가 등장했어요.

삼단논법은 논리적 사고에 의한 진리 추구를 궁극적인 목표로 해요.

즉, 삼단논법은 진리를 밝혀내는 하나의 기술로 만들어졌어요. 아리스토텔레스 이후 고대 그리스·로마 시대 철학을 대표하는 스토아학파는 인간 고유의 능력인 논리적 사고에 의해서만 진리에 도달할 수 있다고 생각했어요.

오직 인간만이 참과 거짓을 가릴 수 있는 존재이고, 이것이 가능한 이유는 다른 동물들과 달리 인간에게는 논리적 사고를 할 수 있는 능력이 있기 때문이라고 믿었죠.

논리를 수식으로 표현한 조지 불

그런데 19세기에 이르러 인간만이 가진 능력인 논리적 사고를 수식으로 나타내 연산이 가능하다고 본 사람이 있으니, 바로 영국의 수학자이자 논리학자이며 기호논리학의 창시자인 조지 불(George Boole, 1815~1864)이에요. 그는 논리 또는 추론을 수학적으로 다루는 연구를 시도하여 논리적 사고를 수학적으로 표현한 '불 대수(Boolean algebra)'

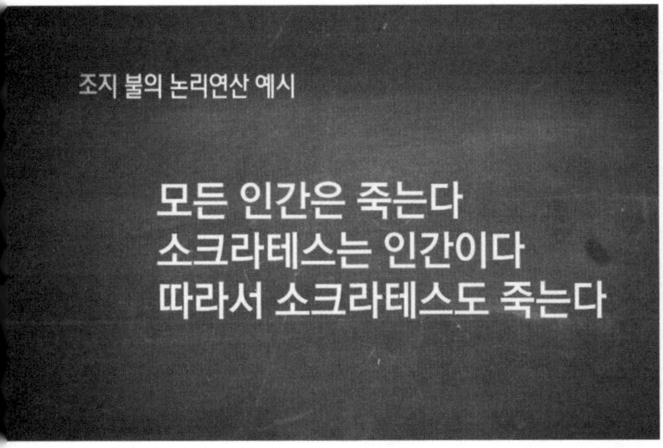

조지 불의 논리연산 예시

모든 인간은 죽는다
소크라테스는 인간이다
따라서 소크라테스도 죽는다

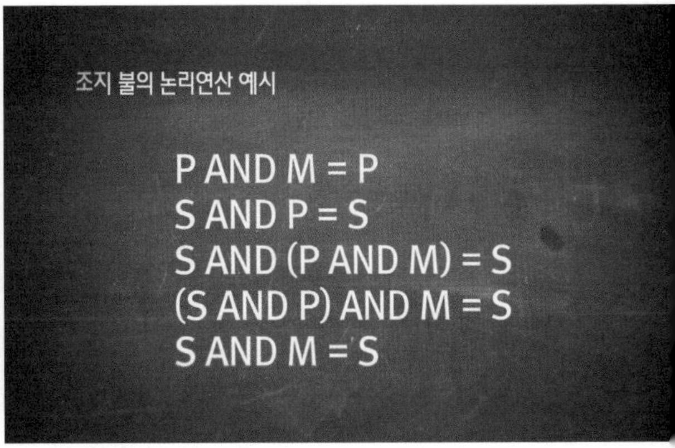

조지 불의 논리연산 예시

P AND M = P
S AND P = S
S AND (P AND M) = S
(S AND P) AND M = S
S AND M = S

를 창안했어요.

불 대수는 수치적 상관관계를 다루지 않고 논리적 상관관계를 다루며, 논리적 명제가 참이냐 거짓이냐에 따라 오직 0과 1이라는 2개의 값으로만 표현하고 연산하는 대수학적 표현입니다. 즉, 불 대수는 논리적 사고를 이진수로 해석하고 표현한 대수라고 할 수 있어요.

불 대수로 표현된 연산에는 AND(논리곱)와 OR(논리합), NOT(부정논리곱) 등이 있어요. 이 중 AND는 '참과 참이 만났을 때만 결과가 참이다'라는 명제에 바탕을 둔 연산이에요.

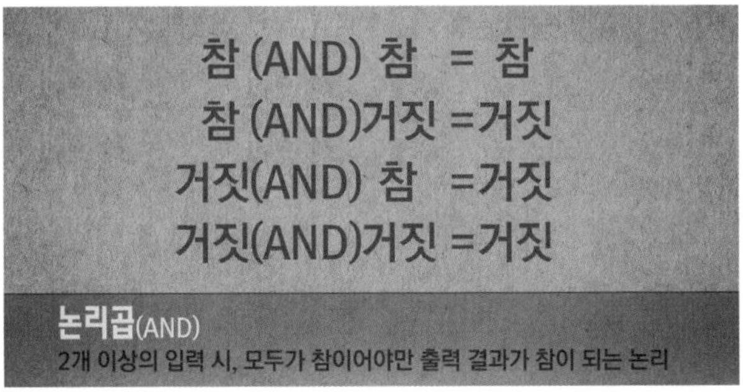

참 (AND) 참 = 참
참 (AND)거짓 =거짓
거짓(AND) 참 =거짓
거짓(AND)거짓 =거짓

논리곱(AND)
2개 이상의 입력 시, 모두가 참이어야만 출력 결과가 참이 되는 논리

반면 OR은 '어느 한쪽만 참이어도 결과는 참이다'라는 명제에 바탕을 둔 연산이에요.

참 (OR) 참 = 참
참 (OR)거짓 = 참
거짓(OR) 참 = 참
거짓(OR)거짓 = 거짓

논리합(OR)
2개 이상의 입력 시, 적어도 하나만 참이면 출력 결과가 참이 되는 논리

NOT은 각 자릿수의 값을 반대로 바꾸는 연산으로 1이 입력되면 그 값은 0이 되고, 0이 입력되면 그 값은 1이 됩니다.

디지털회로 이론을 창시한 클로드 섀넌

피나는 연구 끝에 논리를 수학적으로 표현하는 데 성공한 조지 불은 큰 기쁨을 느꼈어요. 그는 기쁨에 취해 사람들에게 어떤 복잡한 문장도 자신이 개발한 논리 연산 체계를 통해 분석·정리할 수 있다고 자신했어요. 그러나 사람들의 반응은 시큰둥했죠. 논리를 수식으로 표현하는 것은 아무 짝에도 쓸모없는 일이라고 여겼기 때문이에요. 그렇게 조지 불의 논리 연산 체계는 제대로 빛을 보지 못하고 사람들의 기억 속에서 사라져갔답니다.

이러한 논리 연산 체계가 화려하게 부활한 것은 1930년대 중반 미국의 응용수학자이자 컴퓨터과학자인 클로드 섀넌(Claude Elwood Shannon)에 의해서였어요. 클로드 섀넌은 '디지털의 아버지'로 불릴 정도로 인류가 전자통신 시대의 서막을 여는 데 결정적인 역할을 한 인물입니다. 만약 그가 없었다면 우리는 지금과 같은 디지털 시대를 맞이하지 못했을 거예요.

그는 1948년 논문 〈통신의 수학적 이론(The Mathematical Theory of Communication)〉을 통해 세계 최초로 컴퓨터에서 처리하는 정보표현의 최소 단위인 비트(bit)의 개념을 정립했어요. 이 개념을 사용하여 정보의 양을 측정할 수 있음을 알렸고, 통신의 효율화와 정보 전달에 관한 이론적인 해결책을 제시하여 오늘날 컴퓨터 정보통신의 중요한 기초 이론을 확립했답니다. 그뿐 아니라 전화기 교환기에 사용되는 계전기와 스위치만을 이용해 불의 논리 및 이진수의 사칙연산을 전기회로로 구현함으로써 디지털회로 이론까지 창시했어요.

인류 전체의 미래를 밝힌 논리 게이트

섀넌이 조지 불의 논리 연산 체계를 전기로 구현하겠다는 획기적인 생각을 하게 된 것은 MIT에서 전기공학으로 석사 과정을 밟을 때 논리학 수업을 듣던 중이었어요. 그는 이 수업에서 조지 불의 논리 연산을 처음으로 접했는데, 문득 '수식으로 표현된 논리를 전기로 구현해보면 어떨까?'라는 참신한 아이디어를 떠올렸어요. 그리고 곧바로 연구에 돌입해 조지 불의 논리를 전기회로로 구현했습니다.

원리는 간단했어요. 그는 참과 거짓을 0과 1로 표현한 불의 수식에서 이 0과 1을 '전압이 높은가, 낮은가' 또는 '전기가 흐르는가, 흐르지 않는가' 라는 두 가지 상태에 따라 나타나게 했어요. 즉 전압이 높거나 전기가 흐르는 상태일 때는 '1', 반대로 전압이 낮거나 전기가 흐르지 않는 상태일 때는 '0'으로 표시되게 한 것이죠. 이로써 조지 불의 AND(논리곱),

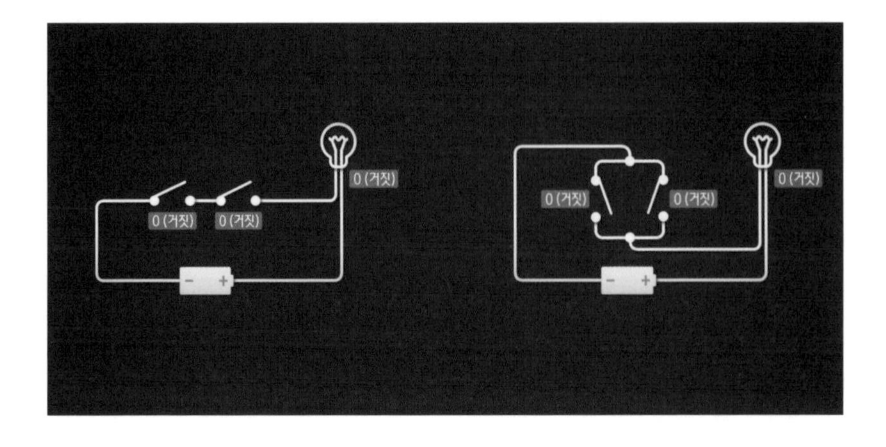

OR(논리합), NOT(부정논리곱) 등의 연산이 전기회로로 재탄생했답니다.

클로드 섀넌의 전기회로는 0과 1, 즉 이진수를 기반으로 불이 켜졌다 꺼졌다 하며 논리 연산을 하는 하나의 간단한 컴퓨터였어요. 이를 '논리 게이트(logic gate)'라고도 부르는데, 전자회로를 이용한 고속 자동 계산기, 즉 컴퓨터의 연산장치나 제어장치 등의 디지털회로를 만드는 데 가장 기본이 되는 요소입니다. 만약 조지 불의 논리 연산 체계를 전기로 구현한 클로드 섀넌이 없었다면 인류는 복잡한 연산을 척척 처리하는 연산처리기, 프로세서의 기초가 되고 다가올 디지털 혁명의 토대가 되는 컴퓨터라는 획기적인 기계 장치를 갖지 못했을 것이에요.

잊혀가던 조지 불의 아이디어를 살려내 논리 게이트를 만들어낸 한 대학원생이 밝힌 것은 하나의 전구가 아닌, 인류 전체의 미래였던 것이죠.

논리 게이트(Logic Gate)
논리 연산을 수행 할 수 있는 회로, 디지털 회로를 만드는 데 가장 기본적인 요소

컴퓨터의 스무고개

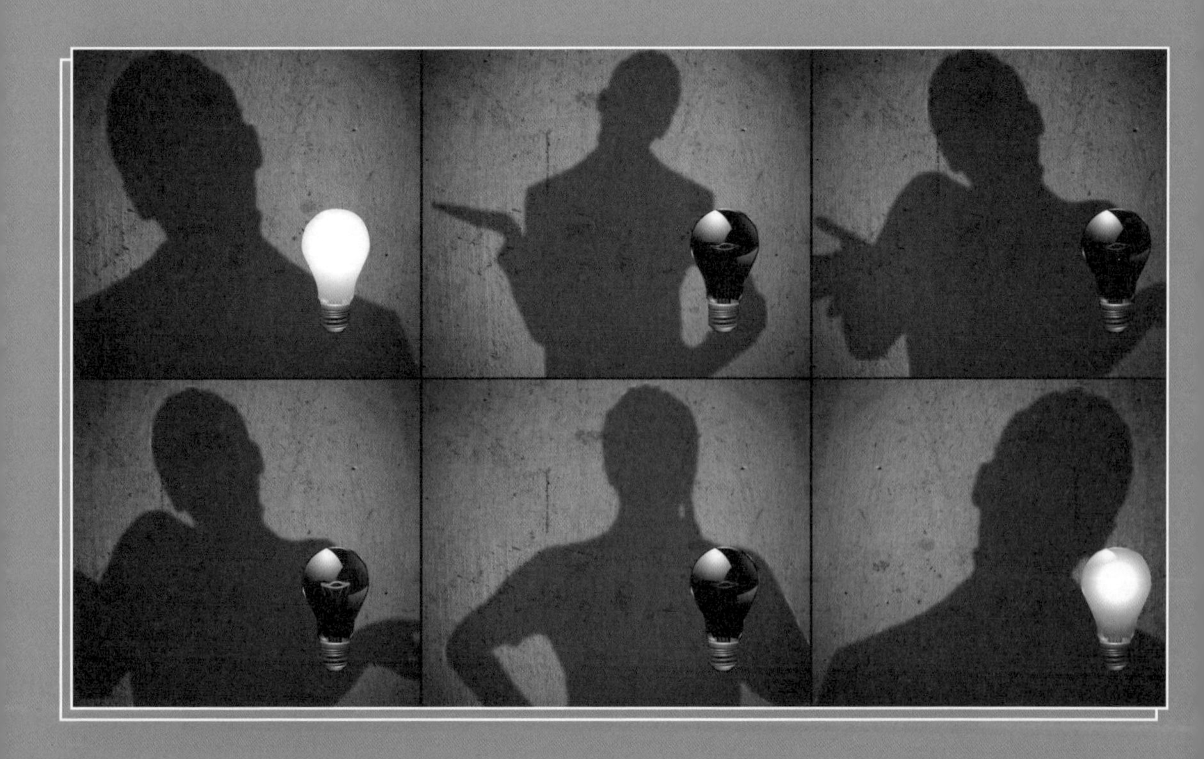

“우리가 가진 모든 것,
우리가 경험하는 모든 것,
우리가 제기한 질문에 대한 모든 대답,
그것이 정보다.”

– 안톤 차일링거(물리학자, 빈대학교 실험물리학연구소 교수)

EBS 〈컴퓨터의 스무고개〉
영상 보기

우리를 지배하는 정보사회
그렇다면 정보란 무엇일까?

만물에 형태를 만들어주는 존재
정보

그러나
정보는
실체가 없다.

우리는 과연
정보를 측정할 수 있을까?

디지털의 아버지
클로드 섀넌이 정립한
정보량의 개념

☛ 두 가지 정보

1 내일 해가 뜬다.	2 내일 태풍이 온다.

'1번'보다 불확실성이 높은 정보,
'2번'

2번 정보가
더 정보량이 많고
정보의 가치도 높다.

정보량을 측정하는 방법

스무고개

클로드 섀넌,
스무고개 게임 방식을
컴퓨터회로에 응용

예, 아니요
↓
0과 1의 이진수,
비트

비트를 통해
정보를 정확하고 효율적으로
전달할 수 있는
해결책 제시

그 결과,
정보를 거의 완벽하게 전달하는
디지털 세상을 살고 있는
인류

거대한 정보의 바다
이 망망대해에서

당신에게 가장 의미 있는 정보는
무엇인가?

발생 확률이 낮을수록 정보량은 많고, 정보의 가치는 높다

정보를 의미하는 'information'은 어떤 것에 형상이나 형태를 부여하는, 만물의 형태를 만들어준다는 의미를 담고 있어요. 즉, 정보는 알지 못하는 것에 형상 또는 형태를 부여하여 이에 대해 알려주는 메시지라고 할 수 있죠.

논문 〈통신의 수학적 이론〉

그러나 정작 정보는 실체가 없어 눈으로 볼 수도, 만질 수도 없어요. 이런 정보를 과연 측정할 수 있을까요? 클로드 섀넌은 이 질문을 최초로 던지고 해법을 제시한 인물이에요.

그는 논문 〈통신의 수학적 이론〉을 통해 최초로 정보량의 개념을 만들고, 이를 측정할 수 있는 방법을 제시했어요. 구체적으로 말하면 0과 1의 이진법, 즉 비트를

클로드 섀넌

통해 문자, 소리, 이미지 등의 정보를 정확하고 효율적으로 전달할 수 있는 컴퓨터 정보통신 이론의 기초를 확립했죠.

클로드 섀넌은 정보량을 어떻게 정의했을까요?

그는 '무질서 또는 불확실성에 대한 양'을 정보량이라고 정의했습니다. 가령 당신과 같은 회사 동료인 A와 B가 있다고 해봐요.

A가 당신에게 이렇게 말했어요.
"나 내일 출근할 거야."
반면 B는 당신에게 이렇게 말했어요.
"나 내일 헬리콥터 타고 출근할 거야."

A, B 두 사람의 정보 중 어느 쪽이 놀라울까요? 당연히 B일 테죠. A의 정보는 당신이 얼마든지 예측할 수 있는 빤한 정보이지만 B는 일상생활에서 쉽게 일어나지 않는, 예측 불가능한 정보이니까요. 따라서 A보다

B의 정보가 훨씬 놀랍습니다.

섀넌은 이처럼 정보량에 대한 개념을 불확실성의 정도를 나타내는 확률과 연결해 설명했어요. 즉, 섀넌은 메시지가 얼마나 예측하기 어려운지 또는 쉬운지, 발생 확률이 얼마나 낮은지 또는 높은지로 측정되는 것이 정보량이라고 정의했어요.

섀넌의 정보량 개념을 동전 던지기를 통해 다시 한번 구체적으로 설명하면 이렇습니다. 동전 하나를 던진다고 해봅시다. 이때 앞면이나 뒷면이 나올 확률은 50:50으로 불확실성이 가장 높고, 따라서 당연히 정보량도 많아요.

그런데 동전 앞면에 특수 자석을 붙이고 철판으로 된 바닥을 향해 던진다면, 뒷면이 나올 확률이 월등히 높아지기 때문에 불확실성은 그만큼 줄어들고 정보량도 감소하겠죠. 더 나아가 앞면에 더 강한 자석을 붙여 앞면이 나올 확률이 0%, 뒷면이 나올 확률이 100%가 되었다면 불확실성의 정도는 0이 됩니다. 이때는 메시지가 가지고 있는 정보량 또한 없다고 볼 수 있어요.

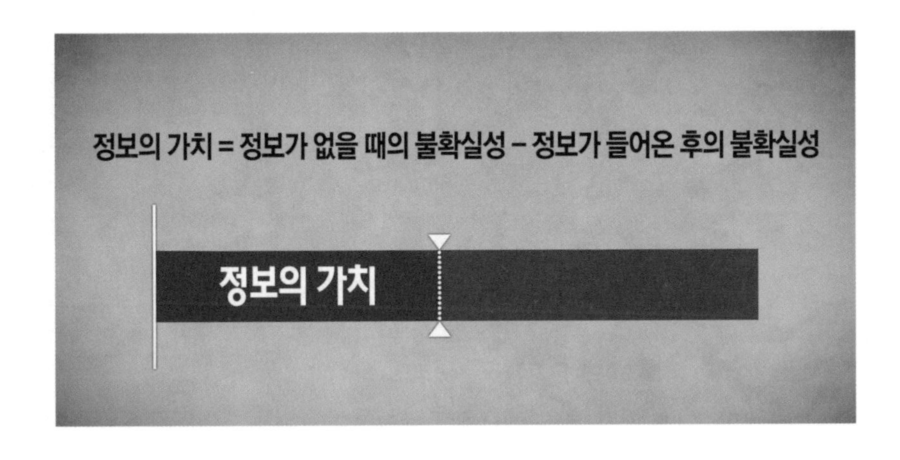

불확실성이 높아 정보량이 많다는 것은 곧 정보의 가치가 높다는 것을 의미해요. 즉, '높은 불확실성 = 많은 정보량 = 높은 정보 가치', '낮은 불확실성 = 적은 정보량 = 낮은 정보 가치'라고 할 수 있어요.

만약 책 두 권이 동일하게 500페이지라고 하더라도 한 권에는 '나'라는 글자로만 채워져 있고, 다른 한 권에는 수많은 사람의 전화번호가 담겨 있다고 한다면 둘의 정보량은 같지 않겠죠. '나'라는 글자로 채워진 책은 예측이 매우 쉬운 당연한 사실이 담겨 있기 때문에 정보량이 거의 없다고 볼 수 있고, 알 수 없는 전화번호로 가득 채워진 책은 정보량이 상대적으로 많다고 할 수 있어요.

정보량을 구하는 스무고개

클로드 섀넌은 정보량의 개념과 함께 이를 측정하는 방법도 고안했어요. 우리가 익히 아는 '스무고개 게임' 방식입니다. 답을 알아맞힐 사람이 질문하고 문제를 낸 사람이 '예', '아니요'로만 답변하여 정답을 추론

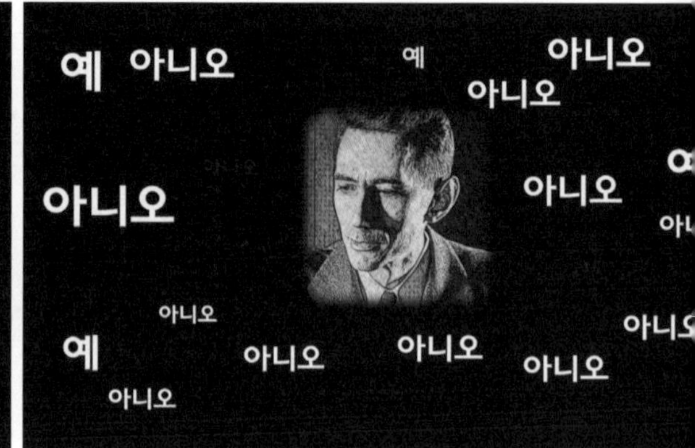

하는 것이에요. 가령 커튼 뒤에 숨어 있는 것을 알아맞혀야 한다고 가정해봐요.

알아맞혀야 하는 사람은 답에 접근하기 위해 질문을 하나씩 던질 수 있고, 상대편은 그 질문에 대해 거짓 없이 오직 '예', '아니요'로만 답할 수 있어요. 예를 들면 다음과 같아요.

질문자: 살아 있는 것입니까?
답변자: 예.
질문자: 식물입니까?
답변자: 아니요.
질문자: 집에서 키우는 것입니까?
답변자: 예.
질문자: 새끼를 낳습니까?
답변자: 예.
질문자: 어린이보다 키가 작은가요?

답변자: 예.

질문자: 개입니까?

답변자: 예.

이러한 방식으로 넓은 영역에서 좁은 영역으로 범위를 점점 좁혀가며 답에 접근하는 것이에요. 섀넌은 이 스무고개 게임 방식을 0과 1, 즉 이진법에 기반을 둔 컴퓨터회로에 응용했어요. 비트를 정보량을 나타내는 단위로 사용하고, '예', '아니요'로 대답할 수 있는 한 번의 질문이 1비트의 정보량에 해당한다고 보았죠. 즉 앞에서 '개'라는 답을 찾은 스무고개의 정보량은 6비트라고 할 수 있어요.

만약 개처럼 흔한 동물이 아니라 이구아나나 나무늘보처럼 희귀한 동물이라면 여섯 번보다 훨씬 많은 질문을 해야 답을 찾을 수 있을 것이에요. 즉, 흔하지 않은 존재나 사건처럼 잘 모르고 예측 불가능한 것은 답을 찾기 위해 더 많은 질문을 필요로 하며, 이는 곧 그 대상이 우리가 잘 알지 못하는 많은 정보를 포함하고 있음을 의미합니다.

섀넌은 이처럼 스무고개 게임 방식을 통해 답을 알아맞히는 데 필요한 평균 질문의 수, 즉 평균 정보량을 '엔트로피(entropy)'라고 불렀어요. '평균적 불확실량'이라고도 해요.

엔트로피가 높을수록 예측이 어려운 놀라운 정보가 많아 평균 정보량이 더 많아지고, 엔트로피가 낮을수록 예측 가능한 확정적인 정보가 많아 평균 정보량이 더 적어져요. 한마디로 엔트로피는 불확실성과 같은 개념이라고 할 수 있어요.

정보를 거의 완벽하게 전달하는 디지털 세상

우리는 정보의 의미나 내용을 해석하는 데 익숙합니다. 그러나 클로드 섀넌은 의미나 내용은 완전히 배제하고 정보를 수량화하는 데만 집중했어요. 무엇보다도 어떻게 하면 주변의 '잡음'과 섞이지 않고 정보가 온전히 전달되도록 할 수 있는가에 관심이 많았기 때문이죠.

즉, 섀넌에게 정보란 '잡음이 배제된 메시지 신호'였고, 그는 메시지 신호의 입출력 과정에서 발생하는 잡음을 최소화하여 원래 메시지 그대로 전송시킬 수 있는 해결책을 찾는 데 몰두했어요. 섀넌의 컴퓨터 정보

통신 이론은 바로 이러한 고민에서 시작되었다고 볼 수 있습니다. 실제로 정보량을 측정하는 스무고개 게임은 정보에서 수많은 잡음을 제거하는 과정이기도 해요.

질문을 던진 후 0 또는 1, 즉 '예' 또는 '아니요'로 대답할 때마다 정보의 범위는 점점 좁아지는데, 이는 정보의 '정확도'가 점점 높아지는 것을 의미해요. 다시 말해 정보의 범위를 좁혀가는 0 또는 1의 대답은 전달하려는 정보가 주변의 잡음과 섞이지 않고 온전히 전달될 확률이 높아지는 과정이라고 할 수 있어요.

인터넷이 보편화되고 데이터의 크기가 대용량인 멀티미디어가 폭증하면서 인터넷을 통해 전송되는 정보량은 날로 증가하고 있습니다. 또한 은행 업무나 쇼핑 등 기존에 오프라인에서 이루어지던 활동이 온라인으로 전환되고, 사용자가 단순히 정보를 소비하던 것에서 누구나 정보를 생성하고 공유하는 환경으로 바뀌면서 인터넷 정보량은 기하급수적으로 늘고 있어요. 이에 따라 현재 인류는 디지털 정보의 전송 속도를 크게 향상시켜야 하는 문제에 직면해 있답니다.

어려운 문제이긴 하지만, 언제나 그래왔듯 인류는 급증하는 인터넷 정보량을 보다 정확하고 빠르게 처리할 수 있는 해결책을 찾아낼 것이에요. 그리고 거기에는 클로드 섀넌이 기초를 확립한 컴퓨터 정보통신 이론이 바탕이 될 것입니다.

섀넌이 정보량의 개념을 만들고 이를 측정하는 방법을 고안하지 않았다면, 인류는 완전한 수량화 위에서 여러 가지 디지털 정보를 동일하게 다룰 수 없었을테니까요. 그랬다면 지금과 같이 인터넷을 통해 음성이나 동영상 같은 고용량 디지털 정보를 빠르고 정확하게 전송하거나 저장하지도 못했을 것입니다. 어떻게 하면 정보를 보다 효율적으로 전달할 수 있는가에 대한 클로드 섀넌의 고민이 인류가 어떤 대용량 정보도 거의 완벽하게 처리할 수 있는 디지털 세상을 맞이하는 데 결정적인 기여를 한 것은 분명하죠.

클릭, 컴퓨터 속으로

“인터넷의 숨 막힐 듯한 발전이 기쁘다.
웹의 발전은 모든 꿈꾸는 자에게 교훈이 된다.
우리는 꿈꿀 수 있고,
그 꿈은 실현된다는 교훈 말이다.”

– 팀 버너스 리(월드 와이드 웹 개발자)

EBS 〈클릭, 컴퓨터 속으로〉
영상 보기

당신이 마우스를 클릭하는 순간
그 정보는 입력장치에 전달된다.

컴퓨터의 눈, 귀, 입, 피부와 같은 존재
컴퓨터가 바깥세상과 교류하게 해주는 장치
입력장치

입력장치를 통해 들어온 정보가 전달되는
중앙처리장치

컴퓨터의 뇌 역할을 하는 중앙처리장치
컴퓨터의 모든 것을 처리한다.

중앙처리장치(CPU: Central Processing Unit)
프로그램의 명령을 실행하는 장치

중앙처리장치가
처리해야 할 데이터와
프로그램들이 저장되는 곳
기억장치

기억장치(memory unit)
데이터를 저장, 기록, 판독할 수 있는 장치

중앙처리장치,
기억장치에 저장된
프로그램 명령을 가져와
사람의 손이 요청한 것을 실행하는
프로그램

프로그램(program)
컴퓨터가 처리할 작업의 순서와 방법을 명령어로 작성해놓은 것

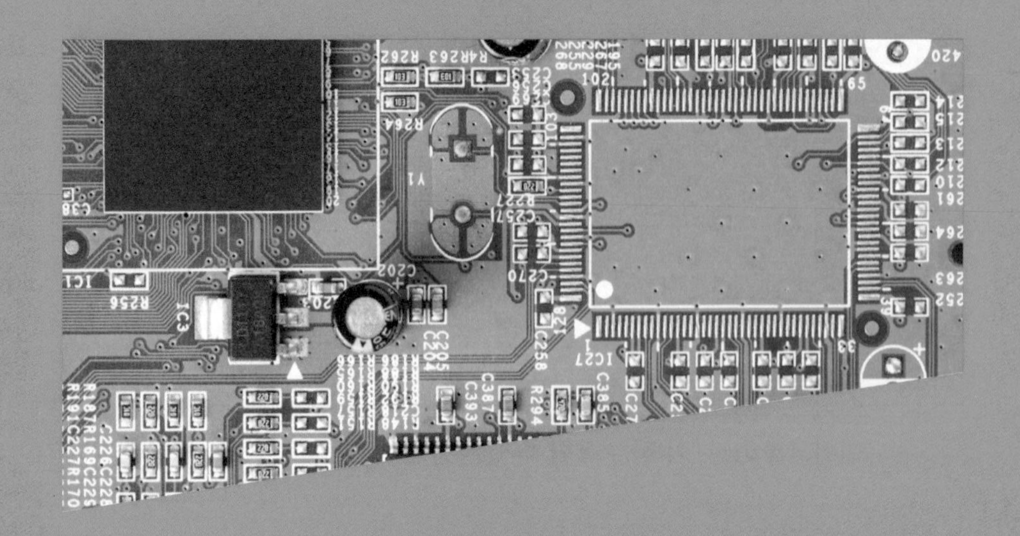

마우스 클릭,
중앙처리장치,

기억장치에 프로그램 요청,
실행

이러한 과정의 무한반복
원하는 결과물을 보여주는
출력장치

출력장치(output devices)	▼
컴퓨터가 처리한 결과를 보여주거나 들려주기 위한 장치	

이 모든 일은
컴퓨터를 이루는 모든 부분이
제대로 작동해야만
가능한 일

당신이 키보드를 치는 순간

마우스를 클릭하는 순간

컴퓨터는 수십억 개의
지시사항을 불러내어
실행하고 있다.

인류 최초의 연산장치, 주판

인류 최초의 연산장치는 주판으로, 컴퓨터의 역사는 이 주판에서 시작되었어요. 주판은 B.C. 3000년경 고대 메소포타미아 사람들이 가장 먼저 사용했던 것으로 추정되며, 이후 17세기에 이르기까지 기나긴 세월 동안 인류의 셈을 돕는 유일한 도구로 활용되었습니다.

블레즈 파스칼

주판 외에 다른 계산장치가 등장한 것은 1642년이었어요. 프랑스에서 어느 세무 공무원의 아들이 아버지가 주판으로 세금 계산을 하며 고생하는 모습을 보면서 최초의 기계식 수동 계산기를 고안해냈고, '파스칼리느(Pascaline)'라는 이름을 붙였습니다.

이름에서 짐작할 수 있듯, 블레즈 파스칼(Blaise Pascal, 1623~1662)의 작품이에요. 파스칼은 '인간은 생각하는 갈대다'라는 명언으로 유명한 프랑스의 수학자이자 철학자입니다. 그는 수많은 시행착오 끝에 톱니바퀴의 움직임을 이용하여 덧셈과 뺄셈이 가능한 인류 최초의 기계식 계산기를 만들어냈어요.

파스칼리느는 여러 개의 톱니바퀴가 서로 맞물려 돌아가는 형태였어요. 어떤 톱니바퀴가 1회전을 하면 그보다 수학적으로 한 단위 높은 의미를 갖는 톱니가 10분의 1회전을 하도록 만들어 덧셈과 뺄셈을 수행하도록 했어요. 파스칼리느는 매우 단순한 기계였지만 당시로써는 매우 획기적인 발명품으로, 이후 계산기의 자동화는 물론 컴퓨터의 발달을 촉진하는 역할을 했습니다.

파스칼 이후, 계산기의 발전에 많은 기여를 한 사람은 독일의 철학자이자 수학자인 고트프리트 라이프니츠(Gottfried Wilhelm von Leibniz, 1646~1716)이에요. 그는 파스칼의 계산기를 개량해 덧셈과 뺄셈은 물론 곱셈과 나눗셈도 할 수 있는 계산기를 만들어냈습니다. 다만 계산에서 올림과 내림을 완전히 처리하지는 못했어요.

고트프리트 라이프니츠

여기에서 한 걸음 더 나아가 그는 십진법보다 기계장치에 더 적합한 진법을 연구해 이진법을 확립했고, 컴퓨터의 하드웨어와 소프트웨어 개념의 기초를 만들었답니다.

이와 같이 고대의 주판과 근대의 기계식 계산기를 거쳐 산업혁명 시대에 이르러서, 컴퓨터는 단순히 숫자를 연산하는 계산기에서 본격적인 기계적 컴퓨터로 발전하는 순간을 맞이했어요. 바로 영국의 수학자이자 발명가인 찰스 배비지(Charles Babbage, 1791~1871)에 의해서였어요.

배비지는 카드에 구멍을 뚫는 천공카드의 개념을 도입해 연산은 물론 프로그램 변경식 제어를 통합함으로써 다양한 작업에 활용할 수 있는 해석기관을 설계하고 구상했는데, 안타깝게도 당시 기계부품 제작 기술의 한계로 실제 제작되지는 못했어요. 그렇지만 그가 구상한 계산장치는 수를 저장하는 '기억장치', 저장된 수치 간에 계산을 하는 '연산장치', 기계의 동작을 제어하는 '제어장치', '입출력장치' 등 지금 인류가 사용하는 컴퓨터의 모든 기본 요소를 갖추고 있었다고 해요.

찰스 배비지

컴퓨터의 역사

컴퓨터는 20세기 들어 과학 기술이 전쟁에 응용되면서 급격하게 발전했어요. 특히 제2차 세계대전 시기와 냉전 시대는 현대적인 의미의 컴퓨터가 등장하는 데 결정적인 역할을 했답니다.

당시 전쟁에서 이기기 위해 암호 기술과 해독 기술이 크게 발달했는데, 이는 컴퓨터의 비약적인 발전을 가져오는 계기가 되었어요. 그중에서도 제2차 세계대전 당시 독일군의 기계식 암호기관인 '에니그마

(enigma)'와 이를 분석한 해독기 '튜링 기계(Turing Machine)'가 현대적 의미의 컴퓨터가 탄생하는 데 지대한 영향을 미쳤어요.

특히 튜링 기계는 현대 컴퓨터의 시초라고 해도 과언이 아닐 정도로 최초의 다용도 디지털 컴퓨터가 등장하기 전까지 컴퓨터와 가장 흡사한 기계였답니다.

튜링 기계를 제작한 사람은 영국의 천재 수학자 앨런 튜링(Alan Turing, 1912~1954)이에요. 그는 튜링 기계를 통해 독일군의 악명 높은 에니그마를 해독해 제2차 세계대전에서 연합군이 승리하는 데 큰 공헌을 했어요. 그뿐 아니라 동료 연구자들과 함께 1943년 콜로서스(Colossus)를 제작하기도 했죠.

앨런 튜링

콜로서스는 세계 최초의 프로그래밍 가능한 완전 전자식 컴퓨터로, 세계 최초의 컴퓨터라고 할 수 있어요. 그러나 콜로서스는 최초라는 타이틀을 얻지는 못했어요. 영국 정부가 군사기밀 유지를 이유로 1970년대까지 세상에 공개하지 않았기 때문이에요.

그런 와중에 1946년 미국 펜실베이니아대학교에서 에니악(ENIAC)이 공개되었고, 세계 최초의 컴퓨터라는 역사적 타이틀은 에니악에 넘어갔습니다. 그러니까 흔히 세계 최초의 컴퓨터를 에니악으로 알고 있지만 사실은 콜로서스인 것이죠.

에니악 역시 제2차 세계대전 시기에 미사일의 궤도를 계산하고자 하는 군사적 목적으로 만들어졌어요. 그런데 무게가 무려 30톤에 달하고, 1만 8,000개의 진공관과 1,500개의 계전기를 사용하며, 프로그램을 배선판에 일일이 수작업으로 배선하는 외부 프로그램 방식이었기 때문에 제대로 활용되지 못했습니다.

1960년대만 해도 사람들은 컴퓨터를 아무나 다룰 수 없는 거대한 몸체의 값비싼 기계로 생각했어요. 실제로 초기 컴퓨터는 매우 컸고, 고가였으며, 수십 명의 전문 엔지니어가 격리된 공간에서 조심스럽게 다루던 기계였으니까요. 그러나 반도체 기술과 전자 기술이 발달하면서 크기가 점점 작아지고, 가격이 싸졌으며, 연산 속도도 빨라졌어요. 또한 1970~80년대에 하드웨어를 손쉽게 사용할 수 있는 환경이 만들어지면서 개인용 컴퓨터가 등장함과 동시에 급속도로 보급되기 시작했습니다.

이때부터 컴퓨터는 가정은 물론 사회의 거의 모든 분야에서 다양하게 이용되는 인류와 떼려야 뗄 수 없는 존재로 자리 잡았답니다. 여기에 그치지 않고 더 빠르고 성능이 뛰어난 컴퓨터를 개발하기 위한 노력은 현재도 지속되고 있어요.

컴퓨터의 몸체, 하드웨어

지금보다 더 나은 컴퓨터를 개발하기 위한 인간의 끊임없는 도전 덕분에 컴퓨터의 기능은 갈수록 다양해지고 세분화되고 있어요. 이러한 컴퓨터는 정보화 사회라고 불리는 오늘날 산업과 사회의 중추적 역할을 하며 인류 문명의 발전에 크게 이바지하고 있답니다. 그러나 날로 빨라지고, 작아지고, 기능이 다양화·세분화되어가기는 하지만 컴퓨터의 기본 구조에는 변함이 없어요.

컴퓨터는 크게 하드웨어와 소프트웨어로 나뉩니다. 하드웨어는 컴퓨

터의 기계장치, 즉 몸체 자체를 말해요. 크게 입력장치, 출력장치, 중앙처리장치, 기억장치로 구성됩니다.

여기서 입력장치는 컴퓨터가 다양한 정보를 받아들이는 데 필요한 장치로, 사람이 오감을 이용해 세상의 다양한 정보를 받아들이듯 컴퓨터도 입력장치를 통해 수많은 정보를 받아들입니다. 즉, 컴퓨터의 입력장치는 인간의 눈과 귀, 코, 입, 피부와 다름없는 곳이라고 할 수 있어요.

컴퓨터를 가동하기 위해서는 우선 입력장치로 컴퓨터에 명령을 내리거나 데이터를 입력해야 해요. 그렇지 않으면 아무리 값비싸고 성능이 좋은 컴퓨터일지라도 작동이 되지 않습니다. 대표적인 입력장치로는 마우스와 키보드가 있어요. 우리가 키보드로 글자를 입력하거나 마우스로 원하는 프로그램을 클릭하는 순간 컴퓨터는 그 정보를 받아들여 작업을 수행합니다.

출력장치는 컴퓨터가 처리한 결과를 보여주거나 들려주기 위한 장치에요. 가장 대표적인 것으로는 모니터, 프린터, 스피커 등이 있습니다. 스마트폰 화면이나 은행 현금인출기의 터치스크린은 입력장치인 동시에 출력장치라고 할 수 있어요.

중앙처리장치는 컴퓨터의 핵심 부분으로, 쉽게 말하면 컴퓨터의 뇌와 같은 존재라고 할 수 있습니다. 우리가 입력장치를 이용해서 명령이나 데이터를 입력하면 중앙처리장치는 이에 대한 데이터를 해석하여 하드웨어 각 장치에 동작을 지시하고, 0과 1로 이루어진 수많은 데이터를 연산하여 그 결과물을 출력장치로 내보내는 일을 합니다.

기억장치는 컴퓨터가 처리해야 할 데이터와 프로그램들이 저장되는 곳으로, 크게 주기억장치와 보조기억장치로 나뉜어요. 이 중 메인 메모리라고도 불리는 주기억장치는 데이터를 일시적으로 저장하는 곳으로, 일반적으로 보조기억장치에 비해 기억 용량이 적어요.

컴퓨터를 끄는 순간 저장되어 있는 모든 데이터가 날아가는 치명적인 단점이 있지만 처리 속도가 빠르다는 장점이 있습니다. 반면 보조기억장치는 보통 주기억장치보다 많은 양의 정보를 기억하며 전원이 꺼져도 데이터가 손실될 우려가 없어요. 다만 처리 속도가 느리다는 단점이 있답니다.

하드웨어를 이루는 이들 장치는 각자 따로 기능하지 않아요. 서로 신호를 주고받으며 긴밀하게 움직이죠. 컴퓨터의 동작 과정을 예를 들어 설명할게요. 가령 A라는 사람이 길에서 B를 만났다고 해봅시다. B가 A에게 알은체를 합니다. 그런데 A는 B가 누구인지 잘 생각이 나지 않아요. 그러다가 갑자기 기억이 떠올라 B의 이름을 부르며 반갑게 악수를 합니다.

이를 컴퓨터 하드웨어 동작 과정에 대입하면 A가 눈으로 B의 모습을 확인하는 과정이 일어나는 곳이 컴퓨터의 입력장치이고, A가 잘 기억나지 않는 B를 떠올리기 위해 애쓰는 곳이 중앙처리장치입니다. 그리고 B에 대한 기억을 떠올리는 곳이 기억장치이며, B의 이름을 부르며 반갑게 악수를 하라는 지시를 내리는 곳이 중앙처리장치에요.

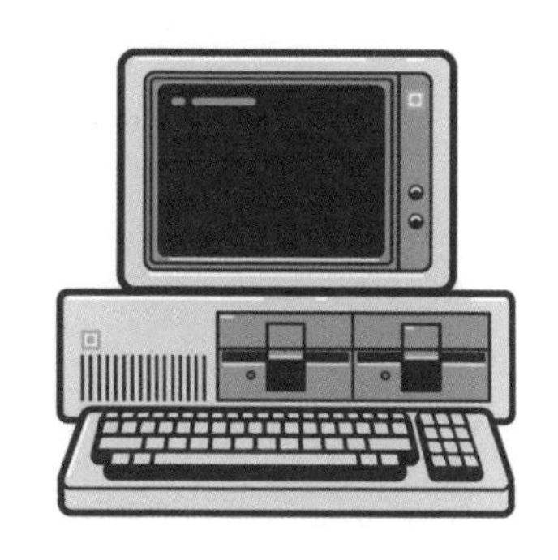

마지막으로 이 지시를 받아 실제로 B의 이름을 부르며 반갑게 악수를 하는 곳이 출력장치입니다. 이처럼 하드웨어는 서로 긴밀한 관계를 맺으며 움직이기 때문에 어느 한 곳에만 문제가 생겨도 실행되지 않는답니다.

컴퓨터를 컴퓨터답게 만드는 보이지 않는 힘, 소프트웨어

하드웨어는 컴퓨터가 컴퓨터로서 기능하기 위해 없어서는 안 될 중요한 부분이에요. 그러나 이 하드웨어가 제 기능을 하려면 소프트웨어가 있어야 합니다. 하드웨어가 컴퓨터의 눈에 보이는 부분이라면 소프트웨어는 눈에 보이지 않는 부분으로, 소프트웨어가 있어야만 컴퓨터가 동작합니다. 그렇다면 소프트웨어는 무엇일까요?

컴퓨터는 절대 스스로 움직이지 않습니다. 따라서 컴퓨터를 실행시키려면 동작을 지시하는 정확한 명령이 필요해요. 이 명령어의 모임이 프로그램이고, 이 프로그램이 모인 집합체가 소프트웨어입니다. 한마디로 소프트웨어는 컴퓨터를 실행시키는 명령이라고 할 수 있어요.

컴퓨터를 실행시키는 원천적인 힘이 소프트웨어이기 때문에 겉으로 보기에 멀쩡한 모습의 컴퓨터일지라도 소프트웨어가 없으면 제 기능을 하지 못합니다. 오토바이를 움직이기 위해서는 이를 운전할 기술을 가진 사람이 있어야 하듯 컴퓨터가 동작하기 위해서는 소프트웨어가 필요해요. 즉, 컴퓨터는 하드웨어와 소프트웨어가 모두 제대로 기능해야만 정상적으로 실행되는 기계랍니다.

당신이 키보드로 글자를 입력하거나 마우스로 원하는 프로그램을 클릭하는 순간부터 당신이 내린 명령을 완벽하게 수행하기 위해 컴퓨터의 하드웨어와 소프트웨어는 긴밀하게 협조하며 헤아릴 수 없이 많은 일을 처리합니다.

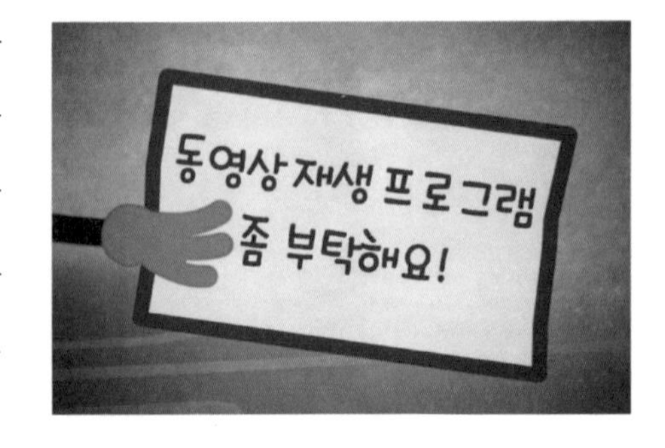

그 덕에 당신은 컴퓨터를 통해 정보를 검색할 수 있고, 노래를 들을

수 있고, 영상을 볼 수 있고, 쇼핑이나 인터넷 뱅킹 등을 할 수 있는 것이죠. 이 모든 것이 이루어지는 것은 아주 짧은 시간으로, 컴퓨터 내부에서 불과 몇 초 만에 수십억 개의 지시사항을 정확하게 처리하기에 가능한 일이랍니다.

컴퓨터 오류 수정의 비밀

"어려운 일과 싸워서 그것을 정복하는 것은
가장 높은 형태의 인간의 행복이다."

– 새뮤얼 존슨(영국 문학가)

EBS 〈컴퓨터 오류 수정의 비밀〉
영상 보기

주민등록증의 마지막 숫자
상품 바코드의 마지막 숫자
그리고 운전면허증의
마지막 두 개의 숫자

과연 이 숫자들은 무엇을 의미할까?

이들 숫자의 비밀
오류 방지를 위한

'오류 검증 번호'

컴퓨터의 데이터 오류 방지법

'오류 검출 코드'
데이터의 오류를 찾아내는 코드

그러나
오류 검출 코드의 한계

정정이 불가능하다.

미국의 수학자
리처드 웨슬리 해밍

컴퓨터 스스로 오류를 찾을 수 있다면
수정도 할 수 있을 거야.
방법을 찾아보자!

그렇게 탄생한
오류 정정 코드

'해밍 코드'
컴퓨터 스스로
데이터의 오류를 검출하고 수정한다.

리처드 웨슬리 해밍

어려운 상황을 극복하려는
사람들의 노력

그리고
계속 발전하는
컴퓨터, 소프트웨어의 기술

만약
해밍과 같은
도전자가 없었다면
컴퓨터, 소프트웨어 기술의 역사는
크게 달라졌을 것이다.

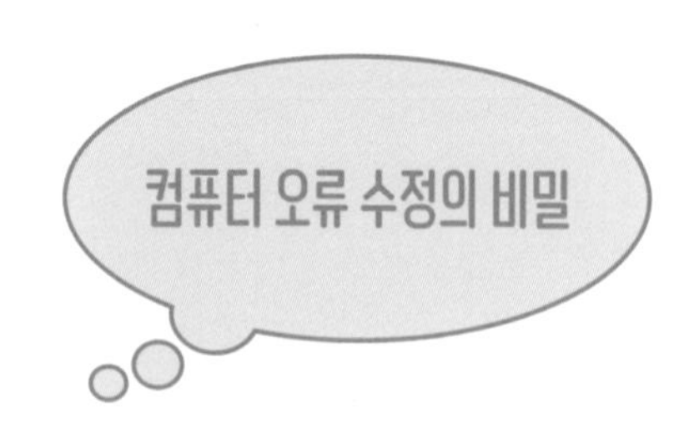

컴퓨터에서도 오류가 발생한다

0과 1의 이진법을 사용하는 컴퓨터가 디지털화한 자료를 읽거나, 연산하거나, 저장하거나, 전송하면서 오류가 날 수 있어요. 예를 들어 저장 매체에 흠집이 나거나 먼지가 들어가도 자료에 오류가 생길 수 있죠. 이럴 때 가장 간단한 오류 검출 및 정정법은 같은 자료를 두 번 보내는 것입니다.

예컨대 '1011'이라는 자료가 있다고 한다면, 이를 '1011'로 보내는 것이 아니라 '10111011'로 전송하는 것이죠. 여기서 앞쪽 4자리와 뒤쪽

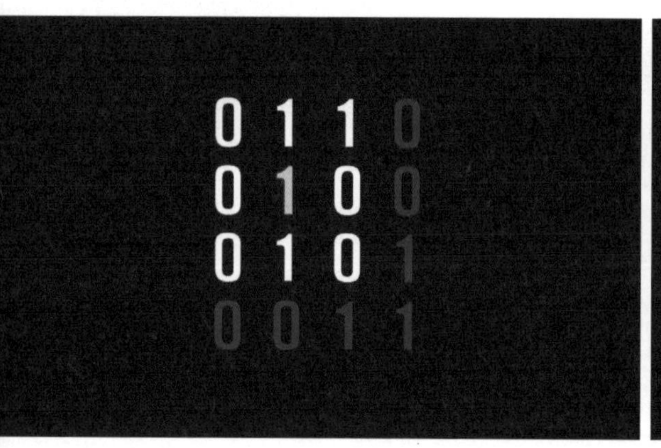

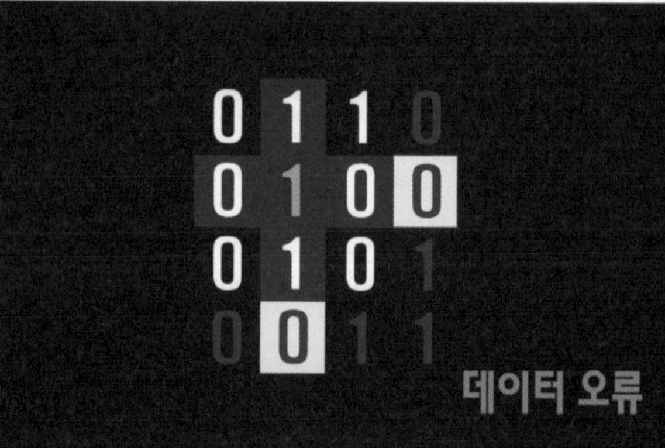

4자리가 일치하지 않으면 데이터에 오류가 발생했음을 알 수 있어요. 그러나 앞쪽 자료와 뒤쪽 자료가 불일치할 경우, 둘 중 어디에서 오류가 났는지는 확인할 방법이 없습니다.

오류가 발생한 위치까지 알려면 같은 자료를 세 번 보내야 해요. 이때 만약 '101110011011'이 수신됐다면 가운데 '1001'이 오류임을 알 수 있어 정정이 가능합니다.

하지만 한두 개의 오류를 찾고 수정하기 위해 같은 자료를 여러 차례 전송하고 수신하는 것은 매우 비효율적이에요. 또한 오류를 수정하기 위해 매번 같은 자료를 다시 보내고 받는 데에도 적지 않은 시간이 낭비됩니다.

특히 우주에 있는 우주선처럼 먼 곳으로부터 자료를 받는 경우에는 전송 시간이 매우 길 뿐만 아니라 재전송 요청을 하는 것 자체도 쉽지 않고, 다시 보내온 자료의 신뢰도도 떨어집니다. 그래서 사람들은 이런 오류를 고치기 위한 노력을 계속했어요. 이들의 노력에 의해 컴퓨터 기술

이 비약적으로 발달하면서 지금은 데이터 오류를 쉽게 검출하고 정정할 수 있게 되었답니다.

만약 오류를 고치기 위한 이들의 도전이 없었다면 컴퓨터와 소프트웨어 기술의 역사는 물론 인류의 역사도 크게 달라졌을 것이에요. 어려운 상황을 극복하려는 인간의 끊임없는 도전이 있었기에 인류는 더 정확하게 작동하는 컴퓨터를 사용할 수 있게 됐답니다.

컴퓨터의 오류를 찾다, 패리티 검사법

컴퓨터는 기본적으로 패킷 형태로 데이터를 주고받습니다. 그 과정에서 인터넷 송수신 상태의 불량이나 컴퓨터에 가해진 물리적 자극 등에 의해 데이터에 오류가 생길 수 있어요.

어떤 이유로든 오류가 발생한 데이터를 찾고 수정하지 못하면 계산한 결과가 틀리거나 음악이 제대로 재생되지 않거나 영상이 일그러지는 등 컴퓨터의 신뢰성을 떨어뜨리는 많은 문제가 발생해요.

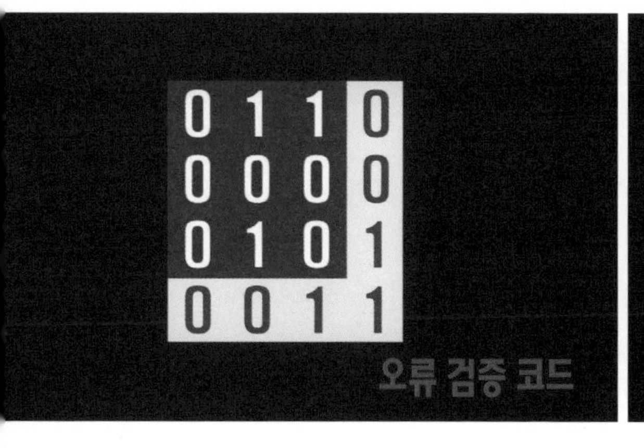

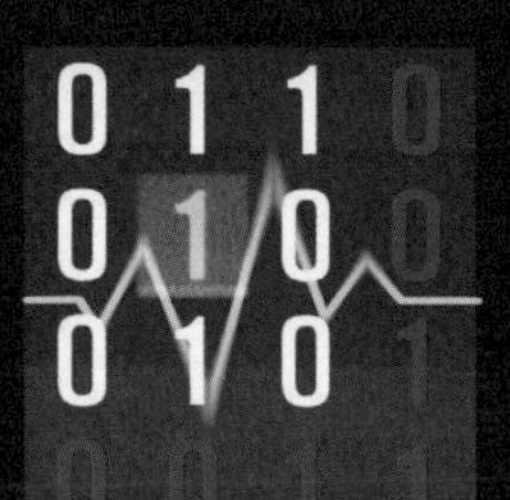

그래서 컴퓨터는 이를 방지하기 위해 '오류 검사 코드(error checking code)'라는 방법을 동원해 데이터의 오류를 검사하고 정정합니다.

오류 검사 코드는 데이터를 전송할 때 발생한 오류를 찾거나 그 오류를 고칠 수 있는 능력을 지닌 코드로, 오류를 찾아내는 '오류 검출 코드(error detecting code)'와 그 오류를 수정하는 '오류 정정 코드(error correcting code)'가 있어요.

대표적인 오류 검출 코드에는 이른바 짝홀 검사법으로 불리는 '패리티 검사법(parity check)'이 있답니다. 이 검사법의 원리는 간단합니다. 0과 1의 조합으로 된 한 그룹의 정보가 있다고 할 때 각 숫자의 합이 짝수이면 '0', 홀수이면 '1'을 끝에 추가하는 것이에요. 추가되는 이 여분의 비트가 '오류 검출 코드'가 됩니다.

전송받은 데이터에 오류가 있는지를 확인하기 위해서는 끝자리의 숫자를 제외하고 모두 더해보면 됩니다. 그 합이 짝수이고 끝자리의 숫자가 '0'이면 제대로 전송된 것이고, 합이 짝수인데 끝자리 숫자가 '1'이라면 오류가 발생한 것이에요. 합이 홀수일 때도 마찬가지입니다. 합이 홀수일 때는 끝자리 숫자가 '1'이면 오류가 없는 것이고, '0'이면 오류가 발생한 것이에요. 이를 그림으로 설명하면 다음과 같아요.

여기 0과 1로 이루어진 한 그룹의 정보가 있습니다. 그중 한 부분을 확대하여 살펴봅시다.

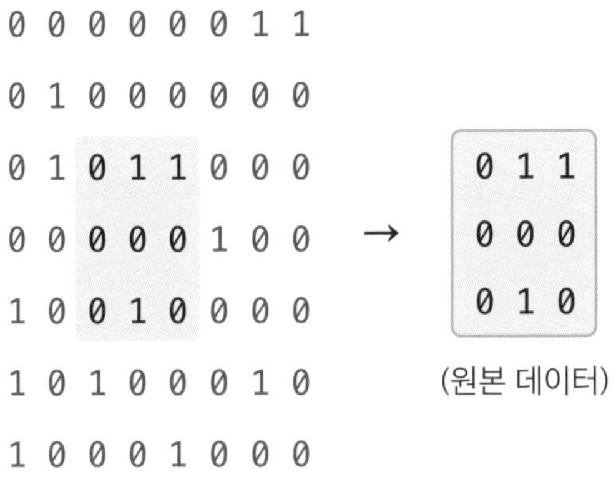

```
0 0 0 0 0 0 1 1
0 1 0 0 0 0 0 0
0 1 0 1 1 0 0 0          0 1 1
0 0 0 0 0 1 0 0    →     0 0 0
1 0 0 1 0 0 0 0          0 1 0
1 0 1 0 0 0 1 0
1 0 0 0 1 0 0 0
```

(원본 데이터)

확대한 부분을 '원본 데이터'라고 합시다. 가로줄의 합이 짝수이면 '0', 홀수이면 '1'을 끝에 추가합니다. 세로줄도 마찬가지, 합이 짝수이면 '0', 홀수이면 '1'을 아래쪽에 추가합니다.

즉 가로의 첫 번째 줄은 '0, 1, 1'로 모두 더하면 '2'가 되므로 끝에 '0'을 추가합니다. 세로의 첫 번째 줄은 0, 0, 0으로 모두 더하면 0이 되므로 아래에 '0'을 추가합니다. 가로와 세로의 나머지 줄도 모두 마찬가지입니다. 더해서 짝수이면 '0'을 추가하고, 더해서 홀수이면 '1'을 추가합니다.

패리티 검사법에서의 연산

0 + 0 = 0

1 + 0 = 1

0 + 1 = 1

1 + 1 = 0

패리티 검사법에서의 연산 방식을 통해 원본 데이터에 덧붙이는 값이 바로 '오류 검출 코드(파란색 숫자)'입니다.

0 1 1 0

0 0 0 0

0 1 0 1

0 0 1 1

(원본 데이터) + (오류 검출 코드)

이처럼 오류 검출 코드를 덧붙이면 오류가 발생한 데이터를 쉽게 찾을 수 있어요.

0 1 1 0

0 1 0 0 → 0 + 1 + 0 = 1

0 1 0 1

0 0 1 1

1 + 1 + 1 = 1

위에서는 가로로 두 번째, 세로로 두 번째에서 오류가 발생했어요. 가로줄을 보면 오류 검출 코드는 짝수인 '0'인데 연산값은 홀수인 '1(0+1+0)'로 나옵니다. 세로줄도 마찬가지입니다. 오류 검출 코드는 '0'인데, 연산값은 '1(1+1+1)'입니다. 따라서 이들이 겹치는 곳, 즉 빨간색으로 된 숫자가 잘못 전송됐음을 알 수 있어요.

컴퓨터의 오류를 찾고 수정하다, 해밍 코드

패리티 검사 외에도 오류 검출 코드에는 여러 가지가 있어요. 그러나 오류 검출 코드는 말 그대로 데이터의 오류를 찾아내는 코드이기 때문에 수정은 불가능합니다.

이러한 한계는 많은 불편함을 초래하는데, 미국의 수학자 리처드 웨슬리 해밍(Richard Wesley Hamming, 1915~1998)도 그 불편함 때문에 적지 않은 고생을 했어요. 해밍은 제2차 세계대전 당시 '맨해튼 계획(Manhattan Project, 제2차 세계대전 중에 미국이 주도하고 영국과 캐나다가 공

동으로 참여한 핵폭탄 개발 프로그램)'에 참여한 사람 중 한 명입니다.

원자폭탄을 터트렸을 때 지구의 대기권에 어떠한 영향을 미치는지 알아내는 방정식을 계산하여 미국이 일본에 원자폭탄을 투하하게 하는 데 결정적인 역할을 했어요.

그는 종전 후인 1940년대 말 세계 최고 수준의 첨단 전자 기술 연구 개발기관인 벨연구소(Bell Lab)에서 근무했습니다. 당시 해밍은 이곳에서 주로 컴퓨터를 이용해 작업했는데, 이때의 컴퓨터 기술은 매우 초보적인 수준이었기 때문에 입력 과정에서 오류가 발생하는 일이 잦았다고 해요. 그래서 컴퓨터가 오류 검출 코드를 통해 오류가 났다는 사실을 알리면 컴퓨터 관리자가 일일이 수정을 했는데, 관리자가 쉬는 주말에는 이러한 작업이 아예 이루어지지 않았어요. 그러다 보니 주말에만 컴퓨터를 사용할 수 있었던 해밍은 주말에 힘들게 입력 작업을 하고 월요일에 출근해서 그 결과를 확인하려고 하면 오류가 발생해 프로그램이 실행되지 않고 멈춰 있는 일을 자주 경험했습니다.

벨연구소

겨우 오류 한두 개 때문에 같은 작업을 반복해야 하고, 혹시나 오류가 나지 않을까 가슴을 졸이는 일에 진절머리가 난 해밍은 문득 '컴퓨터가 오류 검출 코드를 통해 스스로 오류를 찾을 수 있다면 오류를 스스로 수정하는 것도 가능하지 않을까?'라는 생각을 하게 되었어요.

그는 곧바로 이에 대한 연구에 들어갔습니다. 그리고 1950년 '오류 검출 및 오류 정정 부호(code)'라는 제목의 논문을 발표했어요. 이 논문에서 오류를 찾아내는 것은 물론 수정까지 가능한 오류 정정 코드, '해밍 코드(Hamming code)'를 처음으로 제시했습니다.

그의 이름을 딴 해밍 코드는 오류만 찾아낼 수 있었던 오류 검출 코드의 한계를 개선한 코드입니다. 송신하는 쪽에서 이진법의 원리를 이용한 오류 정정 코드를 일정한 규칙에 따라 미리 데이터 속에 포함시켜 보내면 수신하는 쪽에서 이 코드를 이용하여 오류를 발견하고 수정하게 하는 오류 정정 방식이에요.

데이터 정정 코드는 계속해서 개발 중

해밍 코드는 효율성이 커서 오늘날에도 휴대전화나 콤팩트디스크 등에서 신호의 오류를 수정하거나 자료를 압축해 인터넷 속도를 향상시키는 데 유용하게 쓰이고 있답니다.

그러나 해밍 코드는 1개의 문자 가운데 1비트의 오류 정정만이 가능하다는 한계를 가지고 있어요. 오류를 수정하지 못하면 신뢰성이 무엇보다 중요한 컴퓨터의 존재 가치가 사라지고, 인류는 데이터 오류로 인한 많은 불편함을 겪게 돼요. 따라서 컴퓨터에서 오류가 발생한 데이터를 검출하고 수정하는 일은 무엇보다 중요하죠.

그렇기 때문에 사람들은 해밍 코드보다 더 효율적인 여러 가지 데이터 정정 코드를 계속해서 개발하기 위해 노력하고 있답니다.

기본 위에 세워진 신뢰성, 데이터베이스

"아름드리나무도 털끝만 한 것에서 생겨나고
구 층 누각도 바닥 다지기로부터 일어나며
천 리 길도 발밑에서 시작된다."

– 노자의 《도덕경》 제64장 중

EBS 〈기본 위에 세워진 신뢰성, 데이터베이스〉
영상 보기

기본의 중요성

기본

BASE

DATABASE

아무리 강조해도 지나치지 않은
기본의 중요성

소프트웨어 세상의 기본,
데이터베이스

데이터베이스(DATABASE) ▼
여러 응용 시스템의 통합된 정보들을 저장하여 운영할 수 있는 공용 데이터들의 묶음

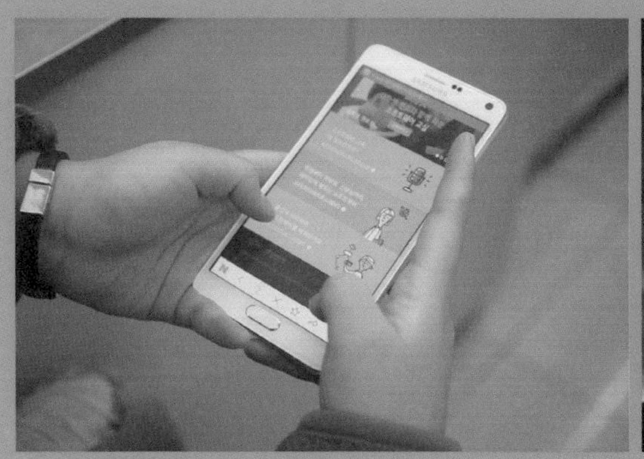

데이터베이스에 문제가 생겼을 때
우리 생활 전반에 걸쳐 발생하는
끔찍한 일들

'신뢰성'
데이터베이스의 존재 가치

데이터베이스가 신뢰성을 확보하는
두 가지 방법

'미리 쓰기 로그'
'준비 후 커밋'

미리 쓰기 로그

데이터베이스가 자료를 수정하기 전에 앞으로 수행할 작업을
미리 적어두는 것. 데이터베이스가 수행하려는 일의 목록

준비 후 커밋 

중복 데이터베이스에서 준비 단계 후
모든 데이터베이스의 수정 여부에 따라
결정 또는 중단 단계를 거치는 2단계 과정

그런데
자료 테이블이 하나가 아니라
훨씬 더 많다면?

더 반복적인 작업을 통해

끝까지 신뢰성을 확보하려 할
데이터베이스

완전무결을 꿈꾸는
데이터베이스

소프트웨어 세상 속
인류의 편안한 삶

신뢰성을
기본으로 하는 것,

그것이 바로
데이터베이스

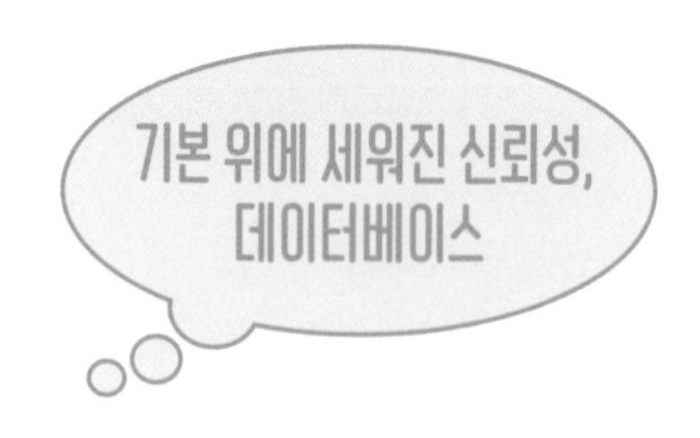

소프트웨어 세상을 유지하는 가장 중요한 기본, 데이터베이스

1999년 9월 19일 영국 〈타임즈〉의 일요일판 주간지인 〈선데이타임즈〉는 영국 은행들이 해커들의 협박에 굴복해 거액의 돈을 지불했다는 기사를 대대적으로 보도했습니다.

영국의 금융기관들을 옴짝달싹 못 하게 한 해커들의 협박은 고객 명단, 거래내역, 회계장부 등 '민감한 정보'를 공개하거나 아예 은행의 전산 거래망을 쓰지 못하게 만들겠다는 것이었죠. 이러한 협박이 가능했던 이

유는 해커들이 일반 전산망을 뚫고 은행의 데이터베이스에 들어가 '민감한 정보'를 훔쳐내는 데 성공했기 때문이에요.

데이터베이스가 해킹을 당했다는 것은 은행의 신뢰도를 크게 추락시켜 거액의 돈을 거래하는 고객들의 발길을 돌리게 하는 중대한 문제가 될 것입니다. 그래서 은행들은 울며 겨자 먹기로 해커들의 요구에 응하며 데이터베이스가 뚫렸다는 사실이 밖으로 흘러나가지 않도록 은밀하게 일을 처리했던 것이죠.

2016년 8월에는 미국 일리노이 주와 애리조나 주의 등록유권자 선거 데이터베이스가 일부 해킹당해 관련 시스템을 즉각 폐쇄하는 일이 발생했어요. 누군가가 데이터베이스에 침입해 선거 결과를 바꿀 가능성이 있었기 때문이에요. 아니 도대체 데이터베이스가 무엇이기에 국가나 기관조차 이처럼 쩔쩔매는 것일까요?

데이터베이스란 무엇인가

데이터베이스라는 용어가 처음 등장한 것은 1963년 6월 미국 시스템개발연구소(SDC: System Development Corporation)가 산타모니카에서 개최한 심포지엄에서였습니다. 이 심포지엄의 제목에 데이터베이스라는 단어가 최초로 사용됐는데, 당시는 단순히 보조기억장치에 저장된 자료 파일을 의미하는 말로 쓰였어요. 이후 미국 전기기기 제조 업체인 제너럴일렉트릭에서 일하던 찰스 윌리엄 바크만(Charles William Bachman)이 현대적 의미의 데이터베이스 개념을 확립했어요.

데이터베이스란 자료를 뜻하는 '데이터(data)'와 기초, 기반을 의미하는 '베이스(base)'의 합성어입니다. 다수의 사용자가 공유하여 사용할 목적으로 대량의 자료나 정보 데이터를 조직적으로 구조화하여 검색, 처리 등을 효율적으로 하기 위해 통합·관리하는 데이터의 집합체를 말해요.

데이터베이스의 개념을 좀 더 명확하게 알려면 데이터베이스가 가지고 있는 몇 가지 특성을 살펴보면 도움이 됩니다.

우선 데이터베이스는 똑같은 자료를 중복하여 저장하지 않는 통합

된 자료입니다. 또한 특정 조직이 주요 기능을 수행하는 데 결코 없어서는 안 되는, 존재 목적이 뚜렷하고 유용한 운영 자료를 말해요.

특정 조직의 데이터베이스는 조직 내 모든 사람이 소유하고 이용할 수 있는 공동 자료임과 동시에 같은 데이터라 할지라도 각 사용자가 어떤 목적으로 응용하느냐에 따라 다르게 사용할 수 있습니다. 또한 컴퓨터가 접근하여 탐색하거나 사용할 수 있는 저장 장치에 담긴 자료를 말합니다.

한마디로 보통 '서버'라고 불리는 대형 컴퓨터에 저장되는 데이터베이스는 임시로 필요해서 모아놓은 데이터나 단순한 입출력 자료와 성격이 완전히 다른, 조직을 운영하는 데 필요한 자료이자 필요할 때마다 유용한 정보를 제공하는 역할을 하는 데이터라고 할 수 있어요.

즉, 데이터베이스는 소프트웨어 세상을 유지하는 가장 중요한 기본이자 없어서는 안 될 기반인 것입니다.

따라서 소프트웨어가 생활 곳곳에 퍼져 있는 지금, 데이터베이스에 문제가 생겼을 때 사회 전반에 걸쳐 발생할 수 있는 혼란은 우리가 상상하는 것 이상입니다.

예를 들어 온라인 은행 업무에 오류가 생겨 고객들에게 불편함은 물론 금전적인 손해를 끼치는 금융 사고가 발생할 수도 있고, 교통체계가 뒤엉켜 극심한 교통정체가 빚어질 수도 있어요. 또한 증권시장이 대혼란에 빠질 수도 있고, 비행기 충돌 등 대형 사고가 발생할 수도 있답니다.

이러한 이유로 데이터베이스는 완전무결해야 하며, 그렇기 때문에 무엇보다 '신뢰성'을 확보하는 것이 매우 중요해요. 신뢰할 수 없는 데이터베이스는 존재 이유도, 가치도 없답니다.

데이터베이스가 신뢰성을 확보하는 방법 1 : 미리 쓰기 로그

데이터베이스는 정상적인 데이터를 일관되게 유지하여 신뢰성을 확

보하는 것이 가장 중요해요. 그래서 다양한 방법을 동원해 신뢰성을 확보하는데, 대표적인 방법 중 하나가 '미리 쓰기 로그'입니다.

미리 쓰기 로그는 쉽게 말해 데이터베이스가 자료를 수정하기 전에 앞으로 할 작업을 미리 적어두는 것, 즉 '데이터베이스가 수행하고자 하는 일의 목록'을 뜻해요.

예를 들어 볼게요. 여기 은행 계좌의 소유자, 계좌의 종류, 계좌의 잔액이 담겨 있는 자료 테이블이 있다고 해봅시다.

계좌 소유자	계좌 종류	계좌 잔액
A	보통 예금	1000원
B	저축 예금	5000원
C	보통 예금	2000원

A가 500원을 B에게 이체하고자 명령을 내렸는데, A의 계좌에서

500원이 빠져나간 후 문제가 발생해 B의 계좌 잔액이 늘지 않았다고 가정해봐요.

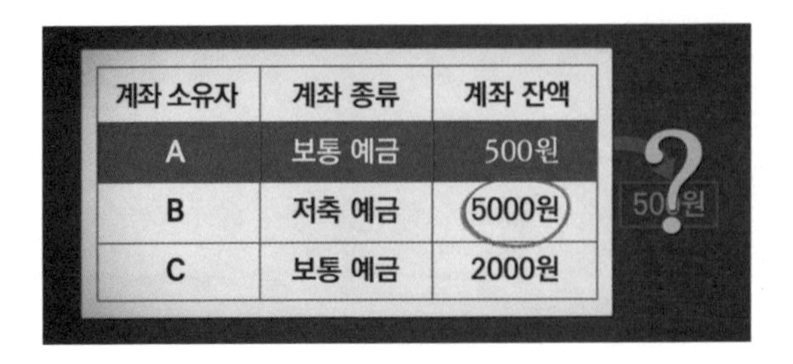

계좌 소유자	계좌 종류	계좌 잔액
A	보통 예금	500원
B	저축 예금	5000원
C	보통 예금	2000원

데이터베이스는 이러한 문제를 막아 자신의 존재 가치인 신뢰성을 확보하기 위해 데이터를 수정하기 전에 앞으로 해야 할 작업을 미리 적어둡니다. 이를 토대로 작업이 제대로 이루어졌는지 확인한 후 최종적으로 데이터를 수정합니다.

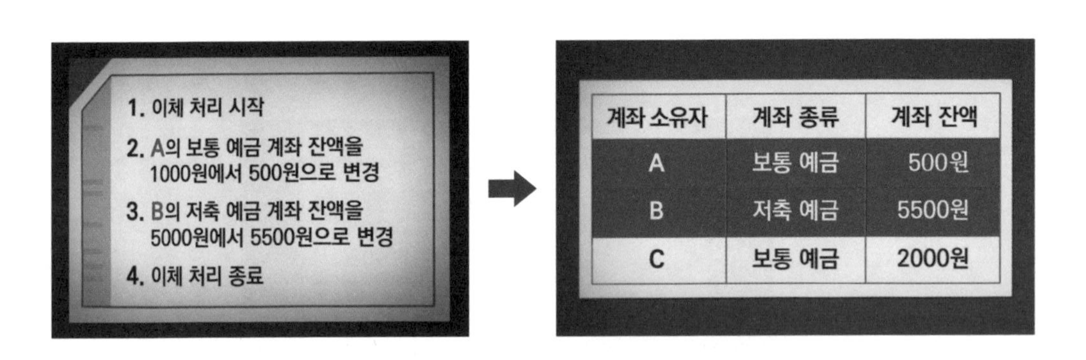

1. 이체 처리 시작
2. A의 보통 예금 계좌 잔액을 1000원에서 500원으로 변경
3. B의 저축 예금 계좌 잔액을 5000원에서 5500원으로 변경
4. 이체 처리 종료

계좌 소유자	계좌 종류	계좌 잔액
A	보통 예금	500원
B	저축 예금	5500원
C	보통 예금	2000원

준비 후 커밋

중복 데이터베이스에서 준비 단계 후
결정 또는 중단 단계를 거치는 2단계 과정

데이터베이스가 신뢰성을 확보하는 방법 II: 준비 후 커밋

데이터베이스가 신뢰성을 확보하는 또 하나의 방법이 '준비 후 커밋' 입니다. 준비 후 커밋은 '중복 데이터베이스에서 준비 단계 후 모든 데이터베이스의 수정 여부에 따라 결정 또는 중단 단계를 거치는 2단계 과정' 을 말해요.

하나의 예를 들어볼게요. 같은 학교에 다니는 친구 A, B, C가 있다고 합시다. 이들은 점심을 먹기로 약속을 했고, 집 전화만을 이용해 약속 시간을 정할 수 있습니다. 이러한 조건하에 A가 B에게 전화를 걸어 12시에 만나자고 약속을 했고, B는 이에 동의했습니다.

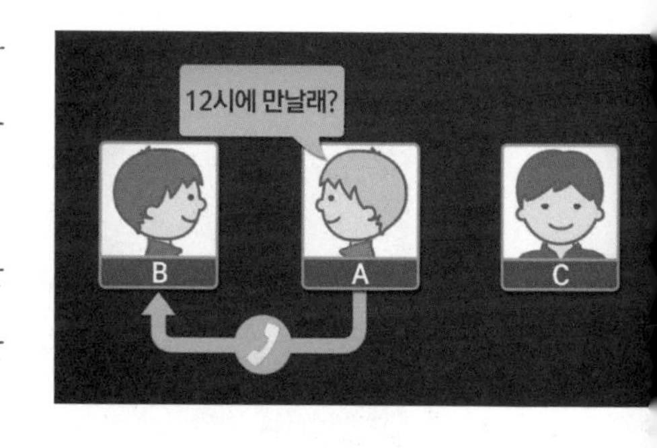

그래서 A는 C에게 전화를 걸어 12시에 만나자고 했습니다. 그런데 C는 12시에 일이 있어 11시에 만나고 싶어 했어요. 이에 A는 다시 B에게 전화를 걸어 11시로 변경하자고 했고, B는 이를 수락했습니다. 그래서 A는 마지막으로 C에게 전화를 걸어 최종적으로 약속 시간을 11시로 정했습니다.

이러한 과정이 준비 후 커밋의 기본 원리입니다. A, B, C 세 친구를 데이터베이스라고 가정하고 준비 후 커밋의 개념을 살펴보도록 해요.

일반적으로 데이터베이스는 혹시 모를 파손에 대비해 여러 개의 복제본을 가지고 있어요. A를 원본 데이터베이스라고 하고 B, C를 복제본 데이터베이스라고 했을 때, A에 새로운 데이터가 추가되면 우선 A는 자신의 미리 쓰기 로그에 데이터 추가 명령을 기록합니다. 이때 원본 A에는 아무런 변화가 없습니다.

원본 A는 자신의 미리 쓰기 로그에 데이터 추가 명령을 기록한 다음 복제본 B와 C에 데이터 추가 명령을 보냅니다. 복제본들의 미리 쓰기 로그에도 데이터 추가 명령이 적히고, 복제본들이 이 명령을 완수할 수 있다는 판단이 들면 드디어 원본 A와 복제본 B, C 모두에 새로운 데이터가 추가됩니다.

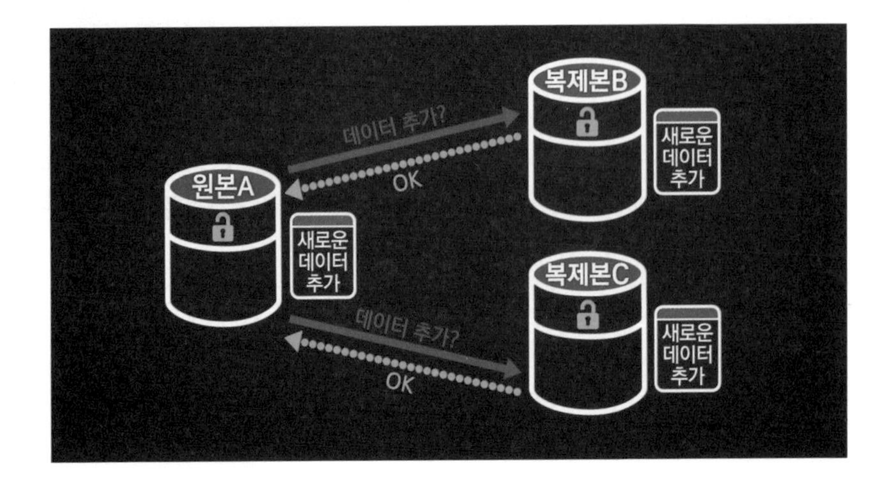

이처럼 원본 데이터베이스가 수정될 때 바로 수정이 이루어지지 않고, 복제본 데이터베이스들이 추가 명령을 완수할 수 있다는 확인·판단 과정을 거친 후에 비로소 원본을 포함한 모든 복제본 데이터베이스가 함께 자료 수정이 이루어지는 것을 준비 후 커밋이라고 해요.

소프트웨어 세상의 존재 가치는 '신뢰성'

소프트웨어 세상의 기반인 데이터베이스는 어떠한 상황에서도 자신의 존재 이유이자 존재 가치인 '신뢰성'을 확보하기 위해 노력을 포기하지 않습니다.

미리 쓰기 로그와 준비 후 커밋, 이 두 가지 방법을 통해 끊임없이 반복 작업을 하며 끝까지 신뢰성을 확보하려고 애씁니다.

완전무결을 꿈꾸는 이러한 데이터베이스의 특성 때문에 소프트웨어 세상 속 인류는 데이터의 불완전함이나 이상 등으로 장애가 발생할 것을 우려하지 않고 편안하게 삶을 영위할 수 있는 것이에요. 데이터베이스는 이 순간에도 신뢰성을 확보하기 위해 끊임없이 반복 작업을 합니다. 신뢰성을 기본으로 하는 것, 이것이 바로 데이터베이스입니다.

사이버 전쟁, 창과 방패의 대결

“해커는 여러분의 아이디와 패스워드를 쉽게
훔쳐갈 수 있습니다. 중요한 정보들은 자신이
소지하고 계시고 인터넷에 올리지 않는 게 좋습니다.”

– 이병길(경찰청 사이버안전국 수사관)

EBS 〈사이버 전쟁, 창과 방패의 대결〉
영상 보기

1986년 4월 26일
우크라이나 체로노빌 원전 사고

1999년 4월 26일
CIH 바이러스(체르노빌 바이러스) 사건

체르노빌 원전 사고와
같은 날 모습을 드러내
세계적으로 큰 피해를 준
최악의 바이러스 중 하나
CIH 바이러스

바이러스에 대한 경각심을 높이다.

1986년 파키스탄에서 만들어진
최초의 IBM PC용 바이러스
브레인 바이러스(Brain virus)

대한민국 최초의 백신 프로그램
'V1(Vaccin1)' 탄생

그러나
데이터베이스에 등록된
악성 프로그램만 퇴치할 수 있는
백신의 한계

악성 프로그램의 감염을
사전에 막을 수 없다!

국내외
수많은 기업과 기관이
속수무책으로 당한
차세대 보안 위협

APT 공격

다양한 공격 기술을 이용하여
특정 대상에
지속적이고 은밀하게 공격을 감행

중요한 정보를 지키기 힘들다.

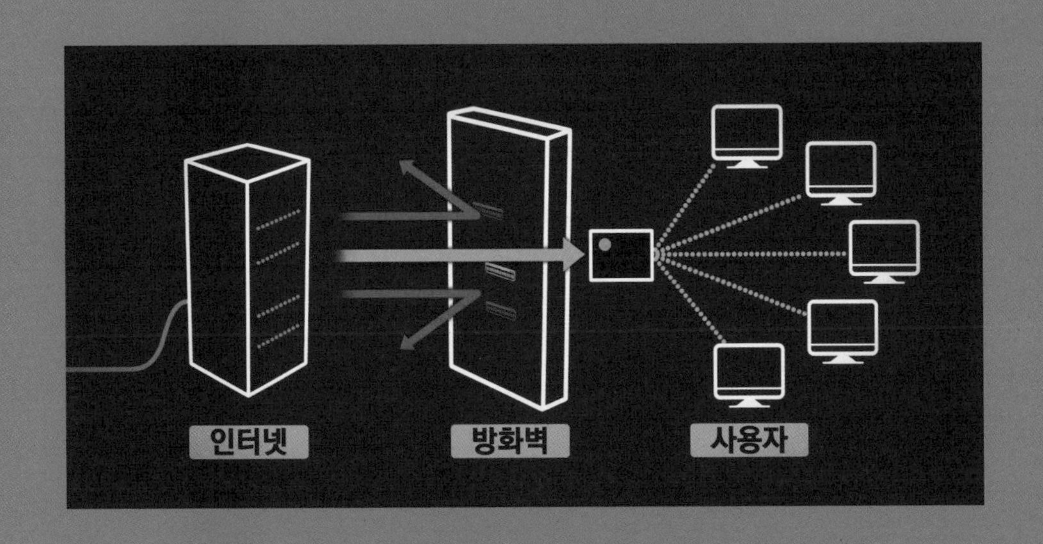

네트워크를 지키는 최후의 보루
방화벽

방화벽의 원리
인터넷을 통해 들어오는
모든 접근 시도를 거부한 후
접근이 허락된 경우만 통과시켜

내부 네트워크 보호

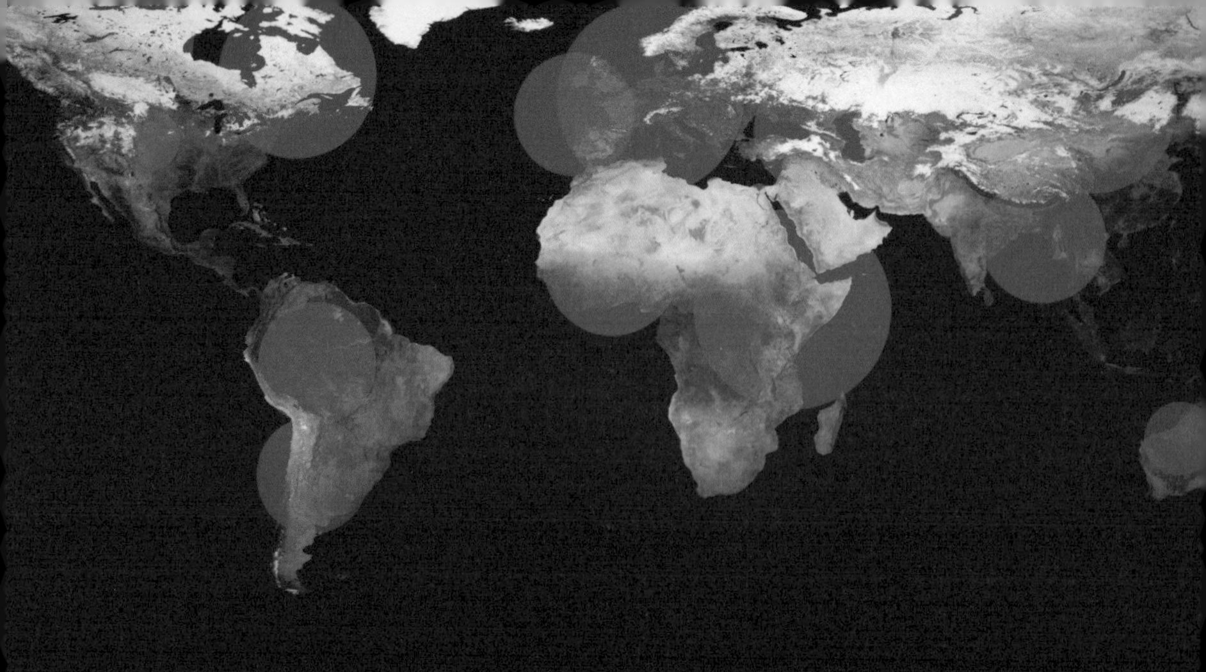

“악성 프로그램의 설치에는 크게 두 가지 목적이 있습니다.
첫 번째는 피해자의 컴퓨터에서 가져갈 중요한 정보가 있을 때
두 번째는 범인이 자신의 IP주소를 세탁하기 위한 목적으로
다른 컴퓨터를 경유하려고 할 때입니다.
그렇게 다른 컴퓨터의 IP를 사용하면
수사기관은 경유된 그 컴퓨터를 용의 선상에 올리게 되고,
이때 범죄자는 시간을 벌 수 있습니다.”

– 이병길(경찰청 사이버안전국 수사관)

사이버 보안의 시작과 끝
'사람'

네트워크 사용자의
보안의식 부재

사이버 보안의
가장 큰 허점이자 취약점

'내일의 피해자가 내가 될 수 있다'는
철저한 보안의식

아무리 강력한 창의 공격도
막는 방패가 되다.

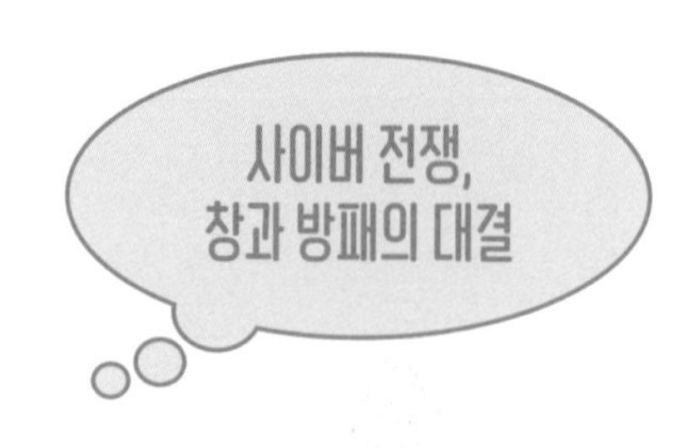

자기 복제를 하며 컴퓨터를 감염시키는 바이러스

컴퓨터 바이러스는 사용자 몰래 정상적인 프로그램, 데이터 파일 등을 파괴하는 악성 프로그램을 말합니다. 주요 특징은 자기 복제를 하며 컴퓨터를 감염시킨다는 것이에요.

바이러스라는 이름이 붙여진 이유도 생물학적인 바이러스가 숙주에 기생하면서 자기 자신을 복제해 병을 일으키는 것과 유사한 모습으로 작동하기 때문입니다. 따라서 컴퓨터 바이러스는 악성코드, 트로이 목마,

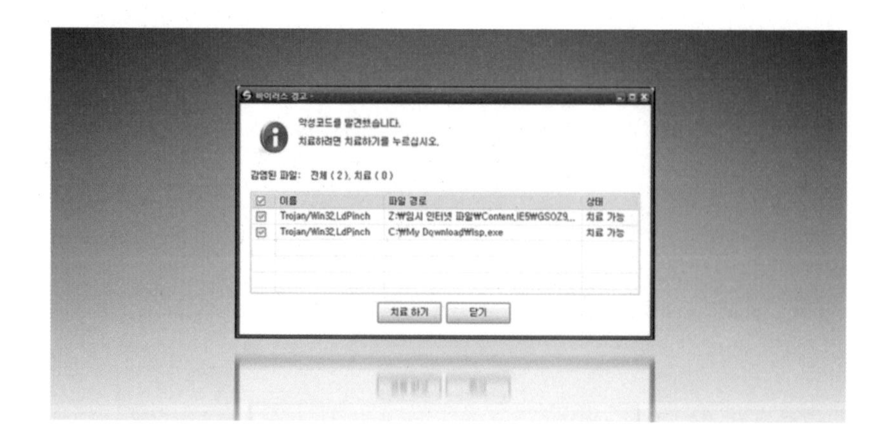

웜 등과는 전혀 별개의 존재라고 할 수 있어요.

많은 사람이 컴퓨터 바이러스와 이들 악성 프로그램을 동일하게 생각하는데 사실은 그렇지 않습니다. 악성코드, 트로이 목마, 웜 등은 자기 복제 능력이 없기 때문에 이들에 감염되었을 때는 해당 프로그램만 삭제하면 됩니다. 하지만 컴퓨터 바이러스는 자기 복제를 하며 다른 프로그램도 감염시키기 때문에 모든 프로그램을 검사해야 해요.

컴퓨터 바이러스는 발전 단계 또는 감염 대상에 따라 다음과 같이 구분됩니다. 발전 단계에 따라서는 제1세대 원시형 바이러스, 제2세대 암호화 바이러스, 제3세대 은폐형 바이러스, 제4세대 갑옷형 바이러스, 제5세대 매크로 바이러스 등으로 나뉘고 감염 대상에 따라서는 부트 바이러스, 파일 바이러스, 부트/파일 바이러스 등으로 분류됩니다.

브레인 바이러스로 인한 피해

컴퓨터 바이러스에 대한 정확한 역사적 자료와 통계는 존재하지 않습니다. 다만 최초의 IBM 컴퓨터용 바이러스로 보고된 것은 1986년 9월 파키스탄의 엠자드 알비(Amjad Farooq Alvi), 배시트 알비(Basit Farooq Alvi) 형제가 만든 '브레인 바이러스(Brain Virus)'입니다.

프로그래머였던 이들 형제가 바이러스를 만든 이유는 자신들이 만든 프로그램을 불법 복제하는 사람들을 골탕 먹이기 위함이었어요. 그러나 장난스러운 의도와 달리 브레인 바이러스는 전 세계로 빠르게 확산되어 큰 피해를 끼쳤답니다.

브레인 바이러스 (Brain virus)
1986년 파키스탄에서 만들어진 최초의 IBM PC용 바이러스

그 이유는 브레인 바이러스가 당시 가장 많이 보급되고 있던 MS-DOS 운영체제에서 실행되었기 때문이에요. 지금은 바이러스 퇴치 프로그램의 발달로 브레인 바이러스는 치료가 어렵지 않은 바이러스에 속해요. 하지만 당시에는 퇴치 방법도 없었고 바이러스라는 개념 자체도 생소했습니다.

이로 인해 브레인 바이러스는 전 세계로 급속히 퍼졌으며, 1988년 우리나라에도 상륙해 큰 피해를 끼쳤답니다. 이에 당시 서울대학교 의대 박사 과정 중이었던 안철수가 브레인 바이러스를 발견하고 치료할 수 있는 국내 최초의 백신 프로그램을 만들었어요. 이것이 우리나라의 대표적 백신 프로그램인 V3의 최초 버전 'V1(Vaccin1)'이랍니다.

백신 (vaccine)
1988년 탄생한 한국형 안티바이러스 프로그램

점점 강력해지는 창, 그리고 방패

백신 프로그램은 컴퓨터 바이러스를 찾아 기능을 정지시키거나 제거하는 소프트웨어입니다.

초기 백신 프로그램은 컴퓨터에 설치되어 계속 동작하는 것이 아니라 바이러스에 걸렸다는 의심이 들 때 실행하여 바이러스를 제거하는 형태였어요. 초창기 바이러스는 대부분 플로피 디스켓을 통해 퍼져나가고 한정된 곳만 감염시켰기 때문에 컴퓨터 시스템에 설치하지 않아도 어렵지 않게 퇴치할 수 있었답니다. 그러나 전 세계의 컴퓨터를 연결하는 인터넷이 보급되면서 이전의 방법으로는 바이러스와 맞서기 어려운 상황이 되었어요.

인터넷이 점점 발전하여 사회, 경제의 핵심 인프라가 되면서 이에 발맞춰 바이러스를 비롯해 악성코드, 트로이 목마, 웜, 스파이웨어, 애드웨어 등 다양한 악성 프로그램이 개발되고 인터넷을 통해 빠르고 광범위하게 확산될 수 있는 환경이 조성되었기 때문이죠.

즉, 인류 문명의 획기적인 발전을 도모한 인터넷이 아이러니하게도 악성 프로그램의 개발을 촉진하고, 보다 많은 경로를 통해 더 빠르고 넓

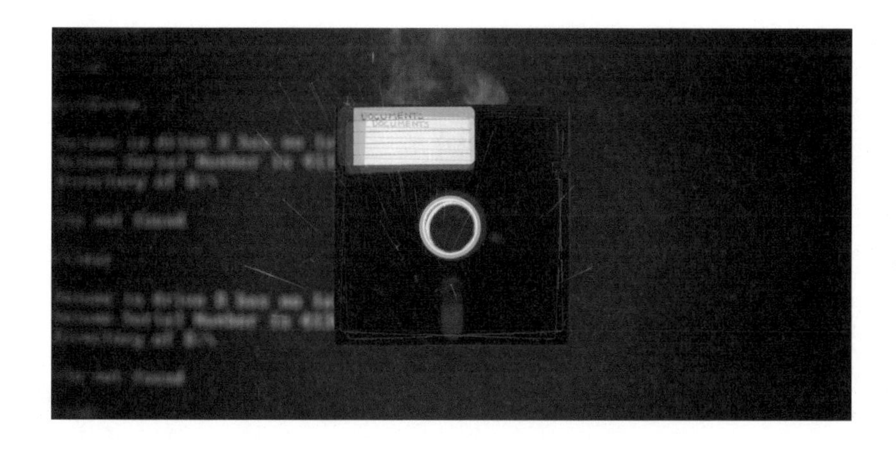

게 퍼져나갈 수 있는 길을 열어준 것이에요.

코로나19 이후, 사이버 범죄 급증

실제로 인터넷의 발전에 따라 바이러스 유포를 비롯하여 다양한 사이버 범죄가 하루가 다르게 급증하고 있어요. 국내 경찰청 사이버안전국의 통계 자료에 따르면 사이버 범죄는 2014년 14만 4,000여 건에서 2020년 18만 건으로 약 24.8% 증가했다고 해요.

이 숫자는 매년 무서운 속도로 증가하고 있는데요. 코로나19 발생 이후 증가폭이 더 높아졌습니다. 범죄유형은 사기가 29.3%, 사이버 금융범죄가 114.2%, 디지털 성범죄가 69.3% 각각 증가했다고 합니다. 특히 이들은 다크웹이나 가상화폐를 이용하고, 해외에 사무실과 서버를 두는 등 점점 더 다양하고 조직화하고 있어요.

지능적이고 지속적인 공격을 통해 대규모 피해를 일으키는 대표적인 사이버 범죄로는 최근 발생 건수가 급증하여 차세대 보안 위협으로

지목되는 'APT(Advanced Persistent Threats, 지능적 지속 위협)' 공격이 있습니다.

APT는 마치 숨바꼭질을 하듯 오랜 시간 잠복하면서 들키지 않게 정보를 유출해가는 매우 지능적인 사이버 범죄로, 개인보다는 고객정보처럼 가치 있는 정보를 다량 보유한 기관이나 기업을 주요 표적으로 삼는다고 해요. 외국의 예를 보면 이란 부셰르 원자력 발전소를 비롯하여 미국의 뉴욕타임스, 구글, 주니퍼, 어도비 등 수많은 기업과 미국 정부기관이 APT 공격에 속수무책으로 당했어요. 우리나라에서도 여러 포털 사이트와 쇼핑몰 사이트를 비롯하여 방송사, 금융사 등이 APT 공격으로 큰 피해를 보았습니다.

APT의 지속적이고 은밀한 공격 방법

일반적으로 APT 공격은 특정 정보를 빼낼 목적으로 실행되기 때문에 악성코드, 피싱, 스팸 등 다양한 공격 기술을 종합적으로 이용해 지속

적이고 은밀하게 고도화된 공격을 펼칩니다.

그 공격 방법을 간단하게 설명하면, APT는 일단 공격 대상이 정해지면 바로 공격에 들어가지 않고 공격 대상과 관련된 정보를 수집합니다. 이때 수집되는 정보의 범위는 회사 홈페이지, 콘퍼런스 참여 정보, 행사 정보, 회사 내부 임직원들의 인적 사항, SNS, 블로그, 인터넷 쇼핑몰 등 그야말로 광범위합니다.

이렇게 정보 수집이 끝나면 사전 조사를 통해 표적으로 삼은 기업의 컴퓨터로 진입하기 쉬운 공격 대상자를 선정합니다. 그리고 그 사람의 가족관계는 물론 어떤 것에 흥미를 가지고 있는지, 어떤 취미를 가지고 있는지, 어떤 약점이 있는지, 어떤 사회적 활동을 하는지, 친한 지인이 누구인지 등을 면밀하게 조사합니다. 그런 다음 마치 친한 지인, 협력업체 사람, 동호회 회원인 것처럼 가장해 악성코드에 감염된 SNS, 메일 등을 보내요. 공격 대상이 된 사람은 평소 자신이 잘 아는 사람이나 조직에서 보낸 것이기 때문에 아무런 의심 없이 이를 확인할 가능성이 매우 높습니다. 그가 아무 생각 없이 SNS나 메일을 확인하면, 그 순간 악성코드는 표적으로 삼은 조직의 컴퓨터에 성공적으로 침투하게 됩니다.

그러나 APT 공격은 어느 순간에도 절대 서두르지 않습니다. 침투에 성공한 후에도 곧바로 조직의 데이터베이스에 접근하지 않고 때를 기다리면서 조직과 관련한 모든 정보를 천천히 살핍니다. 그리고 흔적을 남기지 않고 은밀하게 활동하면서 사내 시스템 전체를 차근차근 장악합니다.

그리고 목표로 삼았던 특정 정보를 사내 보안 프로그램에 걸리지 않게 조금씩 유출하거나 시스템을 파괴해요. 이것이 APT의 가장 흔한 공격 방법입니다.

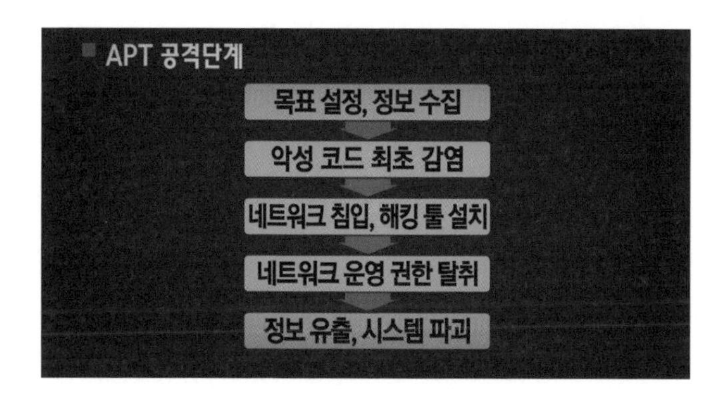

네트워크를 지키는 최후의 보루, 방화벽

공격 대상을 오랜 시간 집중 공략하는 APT 공격은 준비 기간이 길고 공격 수준이 높기 때문에 웬만해서는 막아내기 힘들어요. 그러므로 처음부터 완벽하게 APT 공격을 막아내겠다고 욕심을 부리기보다는 최대한 막는다는 생각으로 대처해야 합니다. 아무리 고도화된 사이버 공격일지

라도 이를 막는 방법은 기존의 악성코드를 막는 방법과 크게 다르지 않습니다.

기본적으로 개인 컴퓨터마다 백신 프로그램을 설치해야 하고, 네트워크를 지키는 최후의 보루이자 현재까지 정보통신망의 불법 접근을 차단하는 가장 효과적인 대책으로 손꼽히는 '방화벽(firewall)'을 필수적으로 설치해야 합니다.

방화벽은 컴퓨터 네트워크에서 해커와 같은 불법 사용자들의 접근을 차단하여 정보 유출, 시스템 파괴 등의 보안 문제를 사전에 방지하는 소프트웨어 혹은 그 소프트웨어가 탑재된 하드웨어를 이르는 말입니다. 인터넷과 같은 외부 통신망으로부터 들어오는 접근 시도를 일차적으로 제어·통제하여 내부 네트워크를 보호하는 역할을 해요.

방화벽의 작동 원리는 간단합니다. 일단 외부 네트워크, 즉 인터넷을 통해 들어오는 모든 접근 시도를 거부한 다음, 허용할 접근만 단계적으

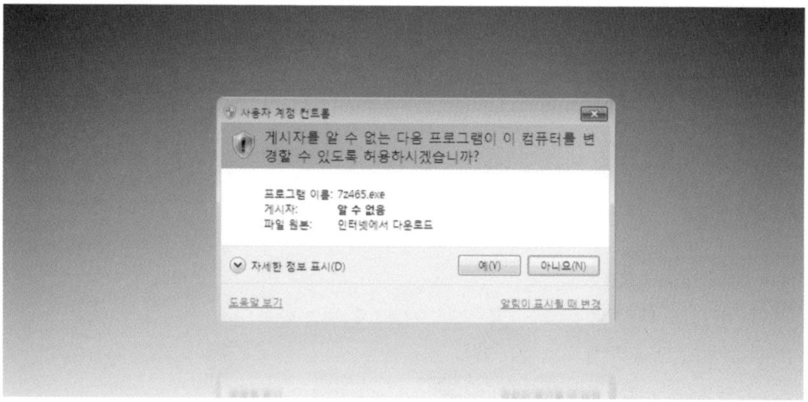

로 허용하는 것이에요. 이때 접근을 허용하느냐 마느냐를 결정하는 것은 사전에 관리자가 구성, 설정해놓은 '접근 제어 목록(ACL: Access Control List)'입니다. 방화벽은 외부에서 들어오는 유해정보뿐만 아니라 IP주소, 특정 프로그램까지 구분해서 통과 여부를 결정합니다.

사이버 범죄의 수법이 점점 다양해지고 정교해지는 요즘, 소중한 정보를 지키기 위해 꼭 설치해야 하는 방어막입니다.

사이버 보안의 시작과 끝은 '사람'이다

무엇보다도 네트워크 사용자의 높은 보안의식이 필수입니다. 아무리 훌륭한 보안 시스템을 구축하더라도 네트워크를 사용하는 사람의 보안의식이 부족하면 보안망은 얼마든지 뚫릴 수 있어요. 따라서 다소 불편하더라도 사이버 공간에서 벌어지는 일이 현실 속의 나에게 피해를 줄 수 있다는 점을 깊이 인지하고, 될 수 있는 대로 보안에 필요한 모든 조치를 취해야 합니다.

예를 들면 컴퓨터에 기본적으로 백신 프로그램을 설치하는 것은 물론, 정기적으로 업데이트를 하여 항상 최신의 상태를 유지하도록 관리하고, 주기적으로 바이러스 검사도 실행해야 해요.

또한 발신인이 불분명하거나 수상한 첨부 파일은 실행하지 않는 것이 바람직하며, SNS나 문자메시지를 통해 들어온 단축 웹주소(URL)를 함부로 클릭하지 말아야 합니다. 특히 제목이나 첨부 파일명이 선정적이거나 관심을 유발할 만한 내용인 경우는 더욱 주의해야 해요.

아울러 비밀번호를 최대한 복잡하게 설정하고 정기적으로 변경하는 것이 좋습니다. 회사 내에서는 인터넷으로 다른 사용자의 컴퓨터에 접속하여 정보, 파일 등을 교환·공유할 수 있게 해주는 서비스인 P2P의 사용을 자제하며, 정품 소프트웨어를 사용하는 습관을 들여야 합니다.

네트워크 사용자가 '내일의 피해자가 내가 될 수 있다'는 철저한 보

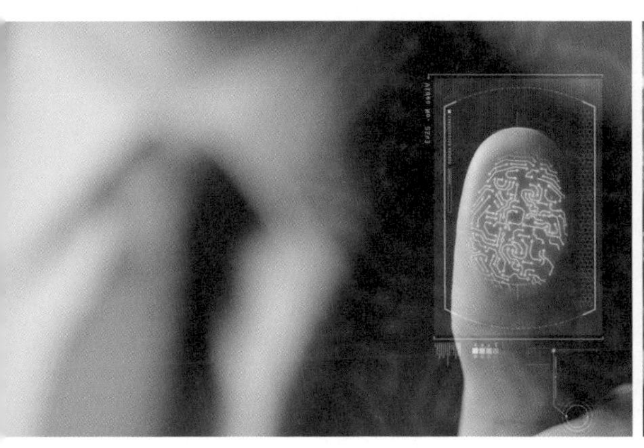

안의식을 가지고 보안에 신경 쓴다면 다양한 사이버 범죄로부터 내 소중한 정보를 안전하게 지킬 확률이 훨씬 높아집니다.

사이버 보안의 시작과 끝은 결국 '사람'이라는 점을 잊지 않는다면 아무리 강력한 창도 내 정보를 쉽게 공격할 수 없을 것입니다.

Chapter 3

시작된 미래, 무엇을 준비할 것인가

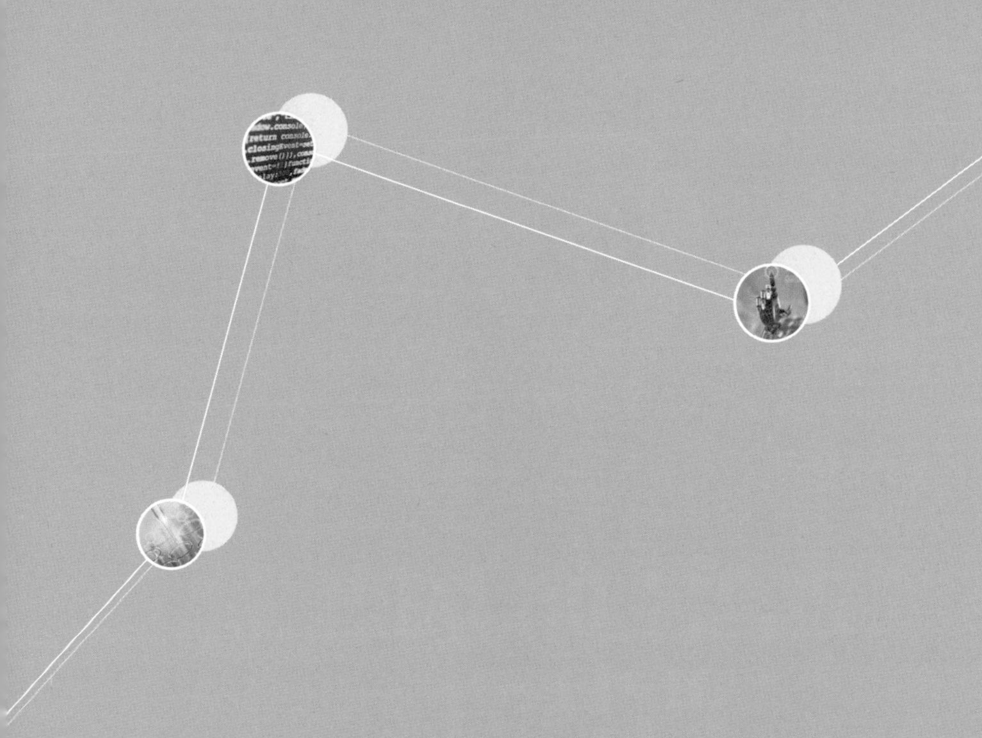

- 인간은 아니지만 인간처럼
- 직업의 미래
- 당신이 만나게 될 예술가
- 로봇, 따뜻한 기술로 태어나다
- 컴퓨터와 소통을 꿈꾸다
- 소프트웨어 혁명은 시작됐다

인간은 아니지만 인간처럼

‘Can machines think?’

기계가 생각할 수 있을까?

EBS 〈인간은 아니지만 인간처럼〉
영상 보기

〈1997년〉

IBM 컴퓨터
'딥 블루'

세계 체스 챔피언
'게리 카스파로프'

승자, 딥 블루

〈2011년〉

IBM 컴퓨터
'왓슨'

세계 최고의 퀴즈 달인
'제퍼디 퀴즈쇼
역대 최고 우승자들'

승자, 왓슨

〈2016년〉

구글 컴퓨터
'알파고'

가장 창의적으로
바둑을 두는 바둑기사
'이세돌'

승자, 알파고

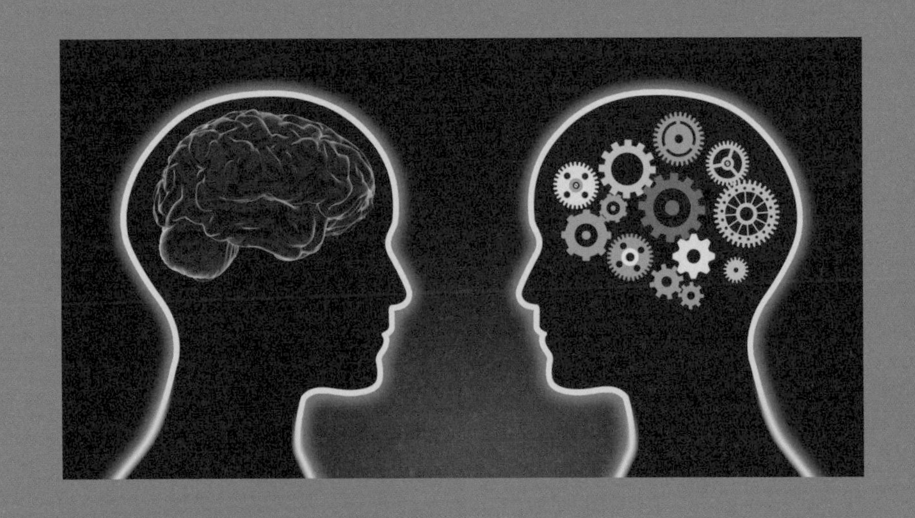

날로 진화하는 인공지능
날로 커지는
인공지능에 대한 우려

그러나

인공지능은
인간이 컴퓨터에
부여하는 지능

인공지능 개념을
최초로 생각한 사람
앨런 튜링

제2차 세계대전 당시
독일군의 암호체계 에니그마를
분석한 계산 기계
'튜링 기계' 고안

과거의 사람들에게 컴퓨터는
거대한 기계장치

앨런 튜링에게 컴퓨터는
생각하는 기계

컴퓨터가 지능을 가졌다는 것을
증명하는 방식
'튜링 테스트' 제시
인공지능의 기본 토대를 마련하다.

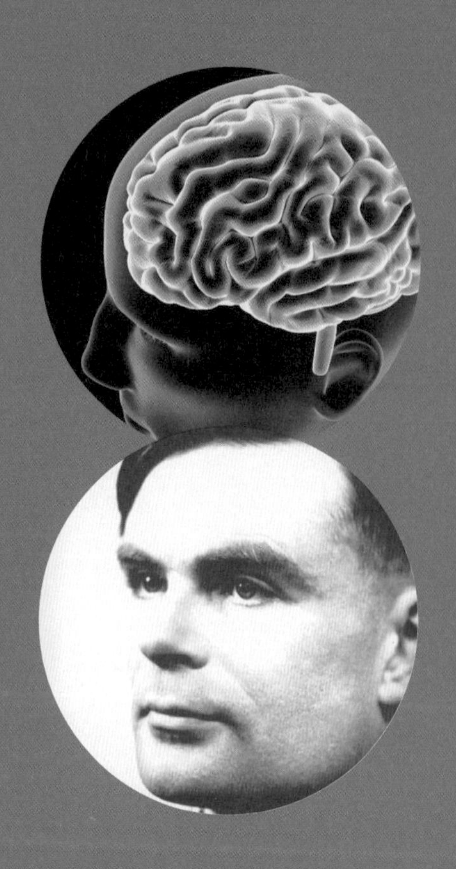

현재
감정까지 느낄 줄 아는
인공지능 개발 진행 중

현실로 다가올 날이
머지않은
인공지능 시대

당신은
미래가 기대되는가?

아니면
두려운가?

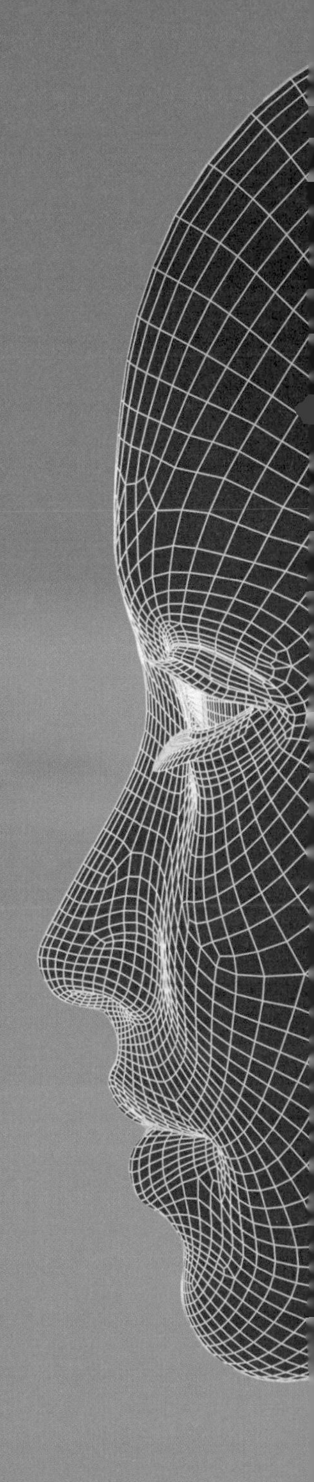

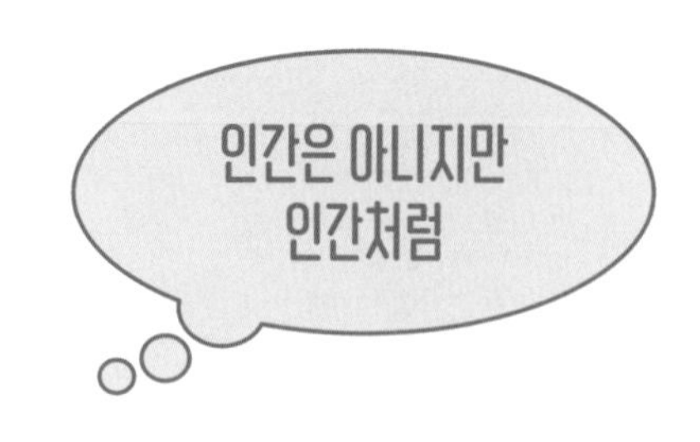

인간의 두뇌 vs 인공지능

2016년 3월 9일부터 15일까지 총 7일에 걸쳐 전 세계가 주목하는 흥미로운 대결이 펼쳐졌습니다. 이 대결은 스트리밍 비디오를 통해 전 세계에 중계되었으며, 많은 전문가가 한쪽이 월등한 차이로 다른 한쪽을 이길 것이라고 전망했습니다. 그러나 이 예상은 완전히 빗나갔어요. 패배할 것으로 예측한 쪽이 승리한 것입니다.

이 대결에서 승리한 쪽은 인공지능 컴퓨터 바둑 프로그램 알파고(AlphaGo)였고, 패배한 쪽은 인간 중에서 가장 창의적으로 바둑을 둔다고 평가받는 바둑기사 이세돌 9단이었습니다. 이세돌 9단은 이후 알파고와의 패배가 정말 아팠다고 고백하며 2019년 은퇴를 선언했습니다.

알파고는 2014년 구글이 인수한 인공지능 분야 기업 딥 마인드가 개발한 인공지능 컴퓨터입니다. 이 대결에서 알파고는 이세돌 9단을 4대 1

로 이겼습니다.

이 모습을 지켜본 많은 사람은 인공지능의 시대가 결코 먼 얘기가 아님을 체감했어요. 또한 SF 영화나 소설에 나오는 것처럼 인공지능이 인간을 공격하고 지배하는 일이 벌어지지 않을까 하는 우려도 하게 되었죠.

일각에서는 알파고를 개발한 구글이 영화 〈터미네이터〉 시리즈에 등장하는 스카이넷(Skynet)을 개발하는 것이 아니냐는 우스갯소리까지 나왔을 정도였으니까요.

스카이넷은 스스로 학습하고 생각하는 인공지능 시스템으로, 영화 속에서 인간이 진화하는 자신을 두려워해 작동을 멈추게 하려고 하자 인류를 적으로 간주하고 공격을 감행했었답니다.

인공지능의 두 얼굴

이미 인공지능이 인간과의 대결에서 승리한 사례가 있음에도 많은 이들이 알파고와 이세돌 9단의 대결 결과에 훨씬 더 민감하게 반응했습니다. 이는 바둑이 체스보다 변수가 많고 창의적인 운영이 가능해 인공지능이 인간을 뛰어넘을 수 없다는 의견이 지배적이었기 때문이에요.

그런데 알파고가 이 예상을 보란 듯이 뒤엎으면서 인공지능이 인간의 자리를 대체하는 것을 넘어 우위를 점하는 미래를 그리게 된 것입니다. 그러나 영화 속 스카이넷과 같은 높은 수준의 인공지능이 등장하려면 아직 멀었다는 것이 과학계의 중론이에요.

많은 사람이 알파고가 인간이 둘 수 없는 창의적인 수를 둔다며 충격에 휩싸였지만, 엄밀히 따지면 알파고는 오직 이길 확률이 높은지 낮은지만 연산해서 착수를 결정하는 낮은 수준의 인공지능이라고 할 수 있어요. 알파고처럼 특정 영역의 문제를 해결하는 데 특화된 인공지능을 '약한(weak) 인공지능'이라고 하는데, 현재 우리가 인공지능이라고 부르는 것들은 대부분 약한 인공지능입니다. 약한 인공지능의 대표적인 예로는

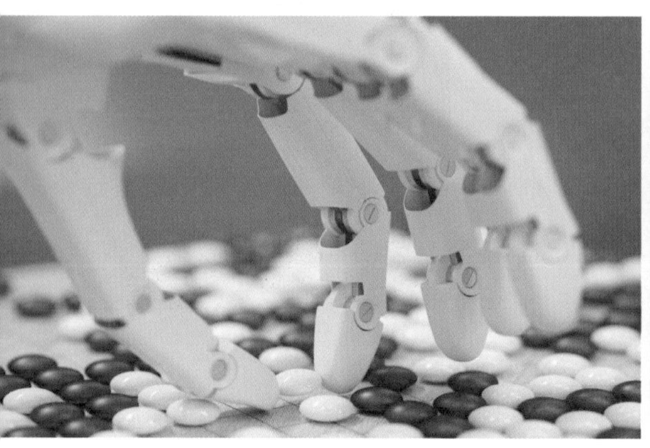

알파고를 비롯해 기계번역 기술, 음성인식, 스팸메일 필터링, 이미지 분류 등이 있어요.

반면 〈터미네이터〉 시리즈의 스카이넷이나 〈어벤져스2〉의 울트론처럼 인간이 문제의 영역을 좁혀주지 않아도 스스로 학습하고 생각하여 어떤 문제든 해결할 수 있는 인공지능을 '강한(strong) 인공지능'이라고 해요.

강한 인공지능을 동물의 뇌에 비유하면 인간의 두뇌 수준이라고 할 수 있고, 약한 인공지능은 꿀벌이나 개미의 두뇌 수준이라고 할 수 있어요. 이러한 이유로 많은 전문가가 강한 인공지능이 세상에 등장하려면 아직 멀었다고 얘기하는 것인데요, 그럼에도 이들이 우려의 시선을 거두지 않는 것은 인공지능이 빠른 속도로 진화하는 데다 그 영향력이 인류에게 어떤 방향으로, 얼마나 크게 미칠지 짐작할 수 없기 때문이에요.

인공지능이 인류에게 구원이 될 것이라고 생각하는 대표적인 인물로는 구글에서 인공지능 개발을 책임지는 레이 커즈와일(Ray Kurzweil)이 있어요.

레이 커즈와일

그는 급속도로 발전하는 컴퓨터 기술로 2045년 즈음에는 인류의 지능을 능가하는 인공지능 컴퓨터가 탄생해 인간을 불멸의 세계로 이끌 것이라고 주장합니다. 반면 인공지능이 인류에게 위협이 될 것이라고 보는 대표적인 인물로 스티븐 호킹(Stephen William Hawking) 박사가 있습니다.

스티븐 호킹

블랙홀에 대한 다양한 이론으로 우주 물리학은 물론 세계 물리학을 이끄는 그는 인간을 능가하는 완전한 인공지능의 개발이 인류의 종말을 초래할 것이라고 경고합니다. 세계 최고의 전기자동차 회사인 테슬라의 CEO 일론 머스크(Elon Musk)도 인공지능의 개발을 '악마를 소환하는 행위'에 비유하며 핵무기보다 더 큰 위협이 될 것이라고 내다봤어요.

일론 머스크

인공지능의 아버지, 앨런 튜링

인공지능이라는 개념을 최초로 생각한 사람은 누구일까요?

영국의 컴퓨터과학자이자 수학자, 암호학자인 '앨런 튜링'이에요. 앨런 튜링은 컴퓨터과학에 지대한 공헌을 하여 '컴퓨터과학의 아버지'라고 불리는 인물입니다.

앨런 튜링

컴퓨터과학과 정보공학의 기본 이론을 앨런 튜링이 거의 만들었다고 해도 과언이 아닐 정도로 그가 인류의 과학사에 남긴 업적은 어마어마해요. 특히 그가 고안한 '튜링 기계'는 20세기 이후 과학사의 10대 사건으로 거론될 만큼 최고의 업적으로 꼽힌답니다.

튜링 기계는 앨런 튜링이 1936년에 발표한 논문 〈결정 문제에 대한 적용과 관련한 계산 가능한 수에 관하여(On Computable Numbers, with an Application to the Entscheidungsproblem)〉에 처음으로 소개된 획기적인 기계장치로, 지금 인류가 사용하는 컴퓨터는 이를 토대로 만들어졌어요. 즉, 튜링 기계는 현대 컴퓨터의 근본적인 디자인이자 기본 설계도, 원형 모델이라고 할 수 있지요.

튜링은 튜링 기계를 '보편만능기계'라고 불렀는데, 자신이 정의한 모든 기계적인 계산을 수행할 수 있는 존재라고 믿었기 때문이에요. 튜링 기계는 사실상 오늘날 컴퓨터의 기억장치에 해당하는 '테이프', 입출력장치이자 기억장치에 해당하는 '테이프를 읽고 쓰는 장치', 중앙처리장치(CPU)에 해당하는 '작동규칙표'로 구성되어 있습니다.

튜링기계

튜링이 고안한 계산기계로 현대 컴퓨터의 모델이 됨

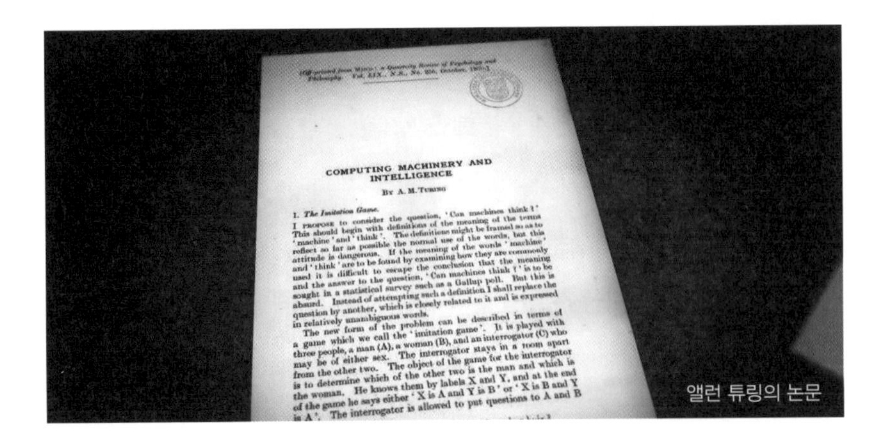

COMPUTING MACHINERY AND INTELLIGENCE

BY A. M. TURING

1. *The Imitation Game.*

I PROPOSE to consider the question, 'Can machines think?' This should begin with definitions of the meaning of the terms 'machine' and 'think'. The definitions might be framed so as to reflect so far as possible the normal use of the words, but this attitude is dangerous. If the meaning of the words 'machine' and 'think' are to be found by examining how they are commonly used it is difficult to escape the conclusion that the meaning and the answer to the question, 'Can machines think?' is to be sought in a statistical survey such as a Gallup poll. But this is absurd. Instead of attempting such a definition I shall replace the question by another, which is closely related to it and is expressed in relatively unambiguous words.

The new form of the problem can be described in terms of a game which we call the 'imitation game'. It is played with three people, a man (A), a woman (B), and an interrogator (C) who may be of either sex. The interrogator stays in a room apart from the other two. The object of the game for the interrogator is to determine which of the other two is the man and which is the woman. He knows them by labels X and Y, and at the end of the game he says either 'X is A and Y is B' or 'X is B and Y is A'. The interrogator is allowed to put questions to A and B

앨런 튜링의 논문

다시 말해 그는 튜링 기계를 모든 계산 가능한 문제를 풀 수 있는 궁극적인 기계로 보았어요. 그의 주장대로 튜링 기계는 제2차 세계대전 당시 인간의 두뇌로는 결코 풀 수 없다고 인식되었던 독일군의 악명 높은 암호체계인 '에니그마'를 분석해 연합군이 전쟁에서 승리하는데 결정적인 역할을 했답니다.

앨런 튜링이 인공지능의 발전에 기여한 공로도 상당해요. 그는 과거 인류에게 그저 거대한 기계장치에 지나지 않았던 컴퓨터를 처음으로 인간처럼 '생각'이 가능한 기계로서 바라본, 즉 인공지능 개념을 최초로 생각한 사람이에요.

1950년에는 〈컴퓨터 기계와 지능(Computer Machinery and Intelligence)〉이라는 논문을 통해 컴퓨터가 지능이 있는지 없는지를 증명할 수 있는 '튜링 테스트'라는 판별 방식을 제시했어요. 이후 이는 인공지능의 기본 토대가 됐답니다.

튜링 테스트에 회의적인 반응을 보이는 전문가들

튜링 테스트는 컴퓨터와 대화를 시도하여 컴퓨터인지 사람인지 구분할 수 없을 정도로 자연스러운 대화가 가능하다면, 지능이 있다고 봐야 한다는 것을 골자로 하는 판별 방식이에요.

지금도 인류는 이를 토대로 컴퓨터가 스스로 사고할 수 있는지를 확인하고 있습니다. 유진 구스트만(Eugene Goostman)은 이러한 튜링 테스트를 최초로 통과한 인공지능 컴퓨터 프로그램이에요.

2014년 유진 구스트만은 30명으로 구성된 테스트 심판진 가운데 33%에 해당하는 심판 10명에게 사람이라는 심판을 받았습니다. 즉 전체 심판진의 3분의 1 이상을 속이면 인공지능을 지녔다고 인정하는 튜링 테스트의 기준을 만족시켰죠. 그러나 이 결과에 대해 적지 않은 전문가가 회의적인 반응을 보였어요.

그 대표적인 인물이 레이 커즈와일(Ray Kurzweil)인데요, 그는 크게 두 가지 이유를 들어 유진 구스트만이 진짜 인공지능이 아니라는 주장을

펼쳤습니다.

하나는 유진 구스트만이 영어를 쓰지 않는 우크라이나 출신의 열세 살 소년 캐릭터로 만들어진 프로그램이라는 점이었어요.

유진 구스트만의 개발진은 영어를 능수능란하게 구사하는 데 한계가 있는 어린 소년 캐릭터를 설정함으로써 테스트 과정 중에 대화가 다소 어색하더라도 용납될 수 있도록 했습니다. 즉, 유진 구스트만은 튜링 테스트를 쉽게 통과할 수 있도록 교묘한 장치를 해놓은 프로그램이기 때문에 진정한 인공지능으로 보기 어렵다는 것이었죠.

실제로 튜링 테스트를 하는 과정에서 심판진과 유진 구스트만이 나눈 대화 내용을 보면 인간이라고 판단하기에는 미흡한 부분이 적지 않아 이 주장에 신빙성을 더한답니다.

또 다른 이유는 실험 자체의 문제였어요. 유진 구스트만의 튜링 테스트를 한 영국의 레딩대학교는 앨런 튜링이 제안한 방식을 토대로 하여 자신들이 직접 개발한 테스트 방법으로 판별했는데, 그 방식은 이렇습니다.

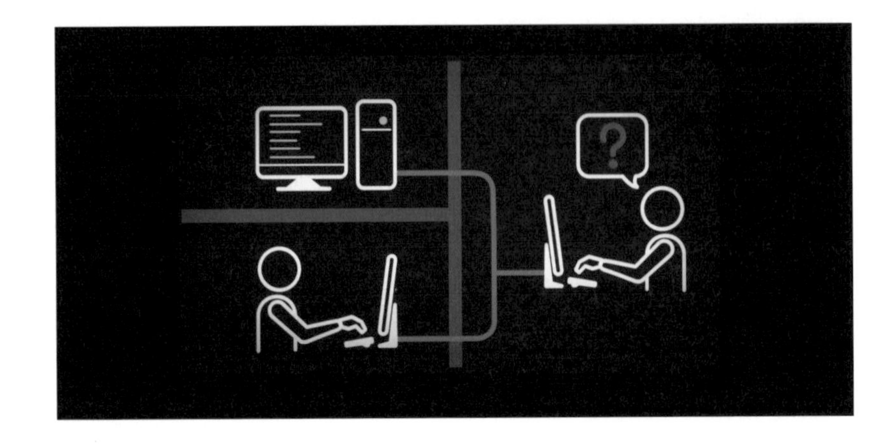

우선 심판이 컴퓨터 2대가 있는 방에 들어갑니다. 방에 놓여 있는 2대의 컴퓨터 중 하나는 인간과 채팅하는 용도, 다른 하나는 컴퓨터 프로그램과 채팅하는 용도로 쓰여요. 심판은 5분 안에 2대의 컴퓨터에 각각 5번씩 채팅을 하여 더 자연스럽게 대화를 나눈 쪽이 사람이라고 판단합니다.

유진 구스트만은 이러한 테스트 과정을 거쳐 인공지능이라고 인정받았어요. 그러나 레이 커즈와일은 5분이라는 짧은 시간 동안 겨우 5개의 질문을 던져 컴퓨터와 인간을 구분하는 것은 무리가 있다며 유진 구스트만이 진짜 인공지능이라고 주장하는 측의 의견을 정면으로 반박했어요.

당신은 인공지능의 미래가 기대가 되나요, 아니면 두려운가요?

이러한 논란은 이미 예견된 것이었습니다. 튜링 테스트를 처음 제시한 앨런 튜링은 대화를 시도해 컴퓨터가 인간인지 구분이 안 될 정도로

자연스러운 대화가 가능하다면 지능이 있다고 봐야 한다는 포괄적인 논리만 언급했을 뿐 구체적인 실험 방법과 판별기준은 제시하지 않았기 때문이에요.

이에 따라 인공지능을 가늠하기 위해 튜링 테스트가 아닌 다른 방식을 사용해야 한다는 목소리가 높아지고 있지만, 아직 뾰족한 대안은 나오지 않았답니다.

2014년에 개봉한 영화 〈허(Her)〉에 보면 스스로 생각하는 것은 물론 감정까지 느끼는 '사만다'라는 인공지능 프로그램이 등장해요. 외롭고 공허한 삶을 살고 있던 남자 주인공 테오도르는 주변 사람들과 달리 자신의 얘기에 귀 기울여주고 자신의 입장을 이해해주는 사만다에게 사랑을 느끼게 되는데요, 이러한 일이 현실적으로 결코 불가능한 얘기가 아니랍니다. 현재 인류는 스스로 생각하는 것은 물론 감정까지 느낄 줄 아는 인공지능을 한창 개발하고 있기 때문이에요.

머지않은 미래에 영화 속에서처럼 인간이 인공지능 컴퓨터에 위로 받고 사랑을 느끼는 일이 얼마든지 벌어질 수 있어요. 이러한 미래, 당신은 기대가 되나요, 아니면 두려운가요.

직업의 미래

"가치를 창조하고,
희소하며, 모방이 어려운 일이
앞으로 부상할 것이다."

– 마이클 오스본(옥스퍼드대학교 교수)

EBS 〈직업의 미래〉
영상 보기

고대 로마 시대
길가에 놓인 항아리
오가던 사람들이
소변을 보던 항아리
그 오줌으로
옷을 세탁하던

소변 세탁부

: 로마제국 시대, 영국에서는 1935년까지 활동

병처럼 생긴 작은 캡슐
지상 투입구에 집어넣고
공기 압력을 가하자
캡슐은
지하 관을 타고 날아간다.
전문성을 가진 인기 직업

지하관 우편 배달부

: 영국, 독일, 프랑스 등에서 1863~1950년 활동

양동이 2개

긴 외투

“제가 준비한 양동이에
용변을 보세요!”

긴 외투로 얼굴만 내놓은 채
공공장소에서 배설 문제를 해결했다.

이동 변소꾼

: 독일, 프랑스 등 유럽 일대에서 18~19세기 말 활동

지금은
사라진 직업들

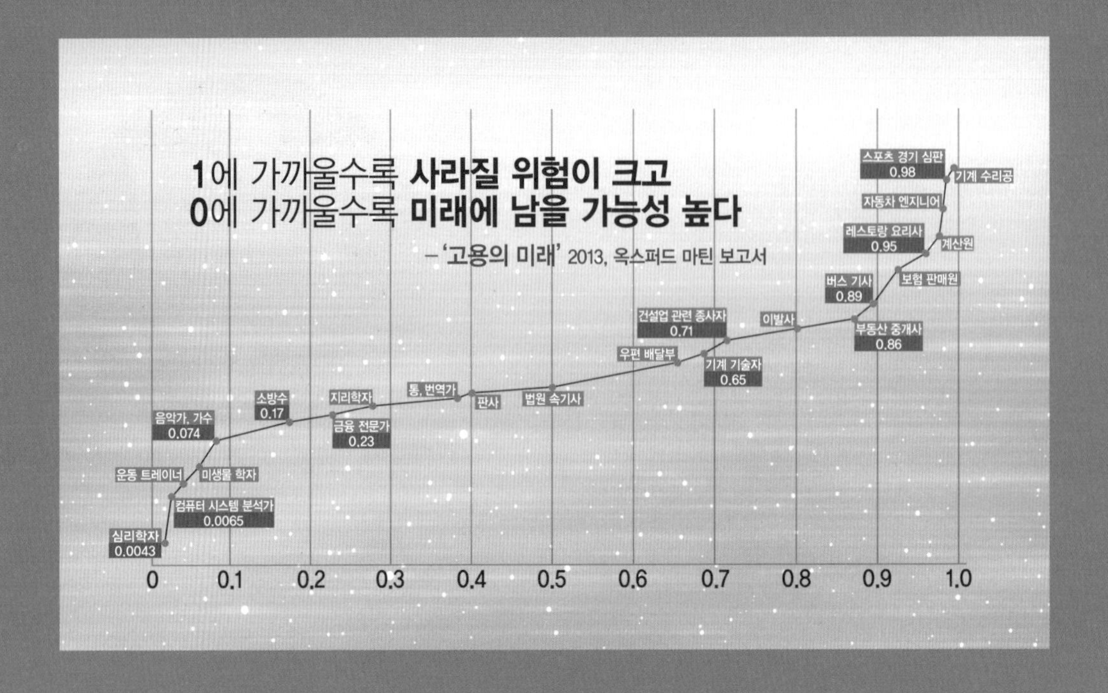

미래에 사라질 직업

미래에 남을 직업

"미국, 702개 직업의 약 47%가
컴퓨터 자동화로 인해
앞으로 10~20년 내 사라질 가능성이 높다."

– 2013, 옥스퍼드 마틴 스쿨 연구진

운전하는 사람이 없어도
움직이는 구글 무인 자동차

LA 지진 발생 1분 만에
완벽한 기사를 올린 기자 로봇

수많은 의료보고서, 진료기록을 분석하여
최적의 의료 계획을 세운 왓슨 컴퓨터

인간만이 가능했던 영역까지
진출한 로봇과 인공지능

과연 당신의 직업은

사라질 것인가
남을 것인가

미래에 사라질 직업들

2013년 영국의 미래예측 전문 연구기관인 옥스퍼드 마틴 스쿨의 연구진은 〈고용의 미래: 우리 직업은 컴퓨터화에 얼마나 민감한가?〉라는 제목의 보고서를 발표했어요. 이 보고서는 세상에 큰 충격을 안겨주었는데, IT 기술의 발달로 미래에 사라질 직업들에 대한 내용이 담겨 있었기 때문이에요.

보고서는 직업에 대한 컴퓨터 자동화로 현재 미국의 일자리 중 47%가 20년 이내에 사라질 가능성이 높다고 예측했습니다.

그 직업에는 무엇이 있을까요? 텔레마케터(0.99), 화물 창고 관련 업무 종사자(0.99), 시계 수선공(0.99), 스포츠 경기 심판(0.98), 계산원(0.97), 자동차 엔지니어(0.96), 웨이터·웨이트리스(0.94), 정육업자(0.93) 소매업자(0.92), 보험 판매원(0.92), 버스 기사(0.89), 부동산 중개사(0.86), 건설업 관련 종사자(0.71) 등이 있습니다.

여기서 직업 뒤에 표시된 숫자는 사라질 가능성의 정도를 나타낸 것으로, '1'에 가까울수록 사라질 위험이 높고 '0'에 가까울수록 미래에 남을 가능성이 높다는 의미입니다. 이를 보면 제조업과 같은 단순 노동 직종이 주를 이뤄요. 따라서 단순 노동 직종이 산업에서 가장 큰 부분을 차지하는 국가일수록 미래에 큰 지각 변동을 겪을 가능성이 높다고 할 수 있겠네요.

로봇 기술 발전으로, 미국 월가의 금융 인력 감소

최근에는 로봇, 인공지능 기술이 급속도로 발전하면서 일자리 박탈의 위험에 처하는 직업의 범위가 점점 확대되고 있어요. 지금까지 자동

화가 어려운 일자리로 간주되었던 이른바 화이트칼라 직종까지도 안심할 수 없는 상황에 이르렀죠.

빠르게 발달하는 IT 기술이 인간만이 가능했던 일들을 로봇과 인공지능이 대체할 수 있게 만들면서 모든 산업 분야에서 일자리가 위협받고 있는 것이에요. 미국의 소프트웨어 개발자이자 작가인 마틴 포드(Martin Ford)는 자신의 책《로봇의 부상》에서 이 문제를 다뤘습니다.

일례로 21세기 초 15만 명에 이르렀던 미국 월가의 금융 인력이 2013년 기준 10만 명으로 감소했는데, 금융거래의 50~70%가 로봇 트레이더들이 내는 매수·매도 주문으로 채워지고 있기 때문이라고 해요. 인간보다 훨씬 빠르게 시장의 흐름을 파악하고 대응할 수 있는 로봇들이 사람들을 밀어내고 있는 것입니다.

이처럼 금융시장에서 로봇의 지위가 높아지면서 미국 월가의 금융사들은 전송 속도가 빠른 전산망을 구축하는 데 관심을 기울이고 있습니다. 금융시장의 흐름을 즉각적으로 파악할 수 있는 로봇들이 매수·매도를 결정하는 시장에서 가장 큰 경쟁력은 얼마나 빠르게 주문을 내느냐이

기 때문이죠. 실제로 월가의 한 금융사가 어마어마한 돈을 들여 뉴욕과 시카고를 잇는 광케이블 공사를 했다고 합니다.

한편 2013년 옥스퍼드 마틴 스쿨의 연구 보고서는 미래에 사라질 가능성이 낮은 직업도 소개했어요. 음악감독·작곡가(0.015), 간호사(0.009), 중등 교사(0.0078), 운동 트레이너(0.0071), 치과의사(0.0044), 심리학자(0.0043), 영양사(0.0039), 컴퓨터 시스템 분석가(0.0065), 소방관(0.17) 등이 그것입니다. 직업의 종류는 다르지만 여러 가지 이유로 자동화가 어려운 직종이라는 공통점을 가지고 있어요.

물론 이 직업들 역시 로봇, 인공지능 기술의 발달로 자동화의 위험성이 점점 커지고 있지만, 아직은 다른 직업에 비해 자동화될 가능성이 낮다고 분석되었답니다.

상상하지 못했던 새로운 산업과 일자리 창출

증기기관의 힘을 이용한 생산의 기계화로 대표되는 1차 산업혁명, 전기를 이용한 대량 생산이 본격화된 2차 산업혁명, 전기 및 정보 기술을 통해 생산 자동화 시대를 연 3차 산업혁명은 인간의 수많은 일자리를 소멸시켰어요. 그러나 그보다 더 많은 일자리를 창출함으로써 세계 경제는 수차례의 공황 속에서도 살아남을 수 있었습니다.

실제로 1차 산업혁명 당시 천을 짜는 일자리는 줄어들었지만, 대신 방직기계를 작동시키거나 보수하고 유지하는 일자리가 생겨났어요. 그래서 당시 사람들의 우려와는 달리 실업자가 양산되어 시장경제가 붕괴하는 사태는 벌어지지 않았죠.

그러나 소프트웨어 혁명, 디지털 혁명을 통해 세상의 모든 것이 로봇화, 자동화, 인공지능화되는 4차 산업혁명은 이러한 패턴을 이어나가지 못할 것이라는 비관적인 주장을 하는 전

문가가 적지 않아요. 모든 산업 분야에서 컴퓨터와 인터넷을 사용하기에 산업 전반에 걸쳐 자동화가 진행되었을 때 이로 인해 일자리를 잃은 근로자가 마땅히 갈 곳이 없기 때문이에요.

또한 IT 기술 산업 자체가 고용력이 크지 않기 때문에 전문가들은 4차 산업혁명이 기존의 산업혁명과 달리 일자리를 제대로 창출하지 못해 대량의 실업자가 만들어질 것이라고 내다보고 있답니다. 특히 인공지능이 일자리에 미치는 영향에 대해서는 매우 부정적인 입장이어서 1차 산업혁명 당시의 러다이트 운동이 재연되는 것 아니냐는 농담 섞인 우려가 나올 정도입니다.

그러나 이와 반대로 지금까지 모든 산업혁명이 그러했듯 4차 산업혁명 역시 많은 일자리를 창출할 것이라고 예측하는 전문가들도 있어요. 이들은 비관론자들이 새로운 기술로 생기는 새로운 일자리에 대해서는 철저하게 간과하고 있다고 지적합니다.

그러면서 누구도 미래에 어떤 일자리가 생길지 정확하게 예언할 수 없지만, 다른 산업혁명이 그러했듯 4차 산업혁명도 우리가 지금까지 상상하지 못했던 새로운 산업과 일자리를 창출할 것이므로 비관론자들의 예상처럼 암울한 미래는 펼쳐지지 않을 거라고 주장한답니다.

4차 혁명의 변화는 인류 역사상 가장 극적일 것

미래의 일자리에 대해 비관적이든 낙관적이든 모든 전문가가 공통으로 강조하는 것은 4차 혁명이 불러오는 변화는 인류 역사상 가장 극적일 것이라는 점이에요. 심지어 일각에서는 그 변화의 강도가 다른 산업혁명과 비교했을 때 속도로는 10배, 범위로는 300배가 커 3,000배 정도의 충격이 있을 것이라고 주장하기도 해요. 따라서 한시라도 빨리 이 대변혁에 대응하기 위한 준비를 해야 한다는 것이죠.

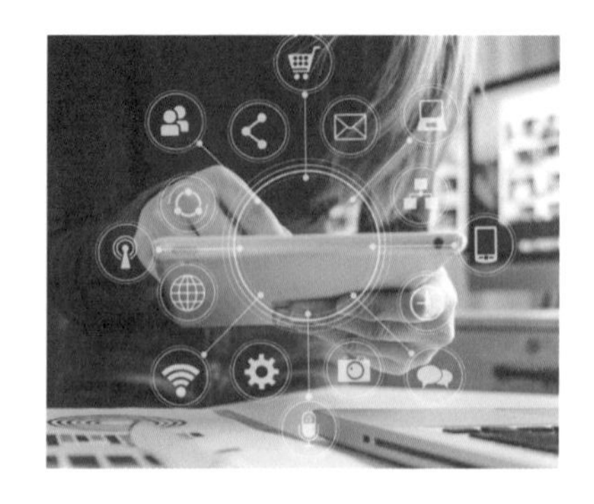

그렇다면 미래에 어떤 일을 해야 내 직업이 자동화로 소멸되지 않고 살아남을 수 있을까요? 영국 옥스퍼드대학교 마이클 오스본(Michael Osborne) 교수의 다음 말이 이에 대한 명확한 답을 제시합니다.

"앞으로는 가치를 창조하고, 희소하며, 모방이 어려운 일이 부상할 것이다."

즉, 미래에는 기계가 대신하기 어려운 창의적인 작업을 요하는 일이 사라지지 않고 지속 가능할 것이라는 얘기입니다.

"2021년, 앞으로 5년간 30만 SW 인재 필요"

소프트웨어 시대로 급변하는 지금, 이 흐름에 발맞춰 소프트웨어와 관련된 일을 하는 것도 미래에 살아남을 직업을 갖는 좋은 방법이에요.

그 대표적인 예로는 해커 등 외부의 위협에서 정보를 안전하게 보호하는 정보보안 전문가, 대량의 데이터를 수집하고 분석하여 의미 있는 내용을 찾아내 전달하는 빅데이터 분석가(데이터 과학자), 현실과 가상세계를 합쳐 하나의 영상으로 보여주는 증강현실 전문가, 안경·시계·옷처럼 착용할 수 있는 컴퓨터를 만드는 웨어러블기기(착용 컴퓨터기기) 개발자, 모바일 애플리케이션 개발자 등이 있어요.

미래에 새롭게 창출될 유망 직종에 관심을 갖는 것도 직업적 성공을 꾀할 수 있는 좋은 방법이에요. 모두가 알다시피 2021년에는 개발자가 '귀한 몸'이 되었어요. 최근 IT나 게임업계가 연봉을 경쟁적으로 올리며 개발자 모시기에 나섰다는 뉴스가 화제입니다.

게임업계는 2021년 시장 규모가 15조원대로 성장하면서 경쟁적으로 인재 영입에 나서고 있어요. 게임업계 '빅3'로 불리는 넥슨과 넷마블 모두 800만 원씩 연봉을 인상한 바 있습니다.

2021년 상반기에 게임 배틀그라운드로 유명한 게임사 크래프톤이 개발자 연봉을 2000만원씩 일괄 인상한다고 발표하면서 연봉 경쟁의 정점을 찍었습

개발 직군 임금 인상 현황 (자료: 각 사)

넥슨 (게임)	연봉 800만 원 일괄 인상, 초봉 5000만 원
넷마블 (게임)	연봉 800만 원 일괄 인상, 초봉 5000만 원
컴투스 (게임)	전 직원 연봉 800만 원 일괄 인상
게임빌 (게임)	전 직원 연봉 800만 원 일괄 인상
쿠팡 (이커머스)	신입 2년차 연봉 6000만 원 경력 직원 입사 보너스 5000만 원
크래프톤 (게임)	연봉 2000만 원 일괄 인상, 초봉 6000만 원
직방 (부동산)	연봉 2000만원 일괄 인상, 초봉 6000만 원 경력 입사 최대 1억 원 보너스

니다. 크래프톤의 김창한 대표는 “이제 ‘프로젝트 중심’이던 조직 운영방식이 ‘인재 중심’으로 이동하고 있다”며 “유능한 개발 인재가 기업 경쟁력의 원동력이 되는 시대”라고 설명했어요.

게임업계 뿐 아니라 부동산 플랫폼인 직방도 2021년 상반기에 '개발자 초임 6000만원, 경력자 이직 시 최대 1억원 보너스'를 내걸며 인재 영입에 나섰습니다

이런 영향으로 개발자를 꿈꾸며 코딩을 배우는 사람들이 부쩍 늘었습니다. 언택트 사회로 가면서 모든 게 플랫폼화되고, 웹이나 앱을 통해서 소비자와 만나는 걸 보면서 이쪽에 발을 담가보고 싶어하는 사람들이 많아진 것이죠.

전문가들은 SW 인재 부족의 주요한 원인으로 꽉 막힌 교육 시스템을 꼽습니다. 국내 대학에서 현장에 즉시 투입할 수 있는 개발자를 충분히 길러내지 못한다는 지적이죠.

실제 미국 스탠퍼드대 컴퓨터공학과 입학 정원이 2008년 141명에

서 10년 새 745명으로 늘어나는 동안, 서울대는 15년 동안 55명으로 묶여 있다가 2021년 겨우 70명으로 늘었습니다. 서울대는 학부 내에 '인공지능(AI) 연합전공' 제도를 두고 있지만, 아직 문제를 해결할 수 있는 수준은 아니라고 합니다.

미래에 살아남고 새롭게 생길 직업들

1990년부터 SW교육센터를 운영 중인 조현정 비트컴퓨터 회장은 "앞으로 5년간 30만 명의 SW 인재가 나와도 부족하다"며 "일단 대학의 정원을 늘리는 게 급선무"라고 강조했어요. 이어 "현장에서는 수만 라인의 코드를 짤 수 있는 사람이 필요한데 학생들은 1000라인짜리 졸업 프로젝트만 해본 게 고작"이라며 "이론보다 프로젝트 위주로 수업이 진행돼야 한다"고 덧붙였습니다.

아마존, 구글과 같은 세계적 기업을 비롯하여 세계 각국에서 적극적으로 뛰어들고 있는 드론도 미래에 많은 일자리를 창출할 것으로 분석되

는 산업 중 하나입니다.

드론 관련 새로운 일자리로는 드론 개발 연구원, 드론 조종 인증 전문가, 드론 설계사, 드론 조립원, 드론 파일럿, 드론 수리·정비사, 드론 임대업, 드론 매니지먼트 등이 있어요. 모든 것이 인터넷으로 연결되어 정보를 생성·수집·공유·활용하는 사물인터넷도 인류에게 많은 일자리를 선사할 것으로 전망되는 대표적인 산업 분야입니다.

이와 관련한 직업으로는 데이터 폐기물 관리자, 데이터 인터페이스 전문가, 개인정보 보호 관리자 등이 있어요. 이처럼 과거에는 상상조차 하지 못했던 직업들이 생겨나 유망 직종으로 주목받고 있답니다.

4차 산업혁명은 세상에 대변혁을 가져올 것이기 때문에 어떤 직업도 미래에 안전하리라는 보장이 없어요. 다만 한 가지 분명한 사실은 직업이라는 것 자체가 사회와 시대의 필요에 따라 생겨났다가 사라지는 특성을 가지고 있다는 것이에요.

그러므로 미래에 살아남고 주목받을 직업은 변화의 패러다임을 먼저 읽고 발 빠르게 대처하는 직업이 될 것이에요. 내 직업의 미래가 희망적이기를 바란다면, 내 미래의 직업이 주목받기를 바란다면 시대적 변화의 흐름을 결코 놓쳐서는 안 됩니다. 그렇게 하지 못하면 미래에는 필요하지도 않고, 존재하지도 않을 직

증강현실

로봇 수술

미래 자동차

업을 위해 시간을 낭비하게 될 수도 있으니까요.

소프트웨어가 세상의 중심이 되고 직업의 판도를 바꿀 것으로 예측되는 미래, 우리는 그때를 위해서 무엇을 준비해야 할까요? 앞으로 어떤 직업이 나에게 유리할까요? 그 답은 바로 소프트웨어에 있습니다.

당신이 만나게 될 예술가

“중요한 건 다름이지,
누가 더 나은가가 아닙니다.
다른 것을 맛보는 것이 예술이지,
등수를 매기는 것이 예술이 아닌 겁니다.”

– 백남준(비디오 아티스트)

EBS 〈당신이 만나게 될 예술가〉
영상 보기

1962년
세계 최초로 TV 위성 발사
대중매체의 시대를 알리다.

TV와 비디오를
예술 작품에 접목한 비디오 아티스트

어렵고 동떨어져 있어
보통 사람들이 누리기엔
너무 고상해 보였던
예술 작품들

늘 과감했던 그의 예술 세계는
단지 아름다운 것만을 추구하지 않았으며
저항 의식을 담고 있다.

인간과 예술,
인간과 기술의
매개자가 되고자 했던
테크놀로지 예술가
백남준

컴퓨터 하나가
교실 전체를 차지할 만큼 컸던 시절
어느 미대생이 시작한 낯선 도전

'컴퓨터를 이용해서 작품을 만들자!'

"조각가들도 과학자처럼 실험과
연구를 통해 창작해야 한다."

전통적인 도구와
재료의 한계를 넘어
표현하라!

전기장치들이 규칙적으로
작은 기계부품들을 움직이게 한다.

국내 최초
키네틱 아티스트
서동화

"컴퓨터만이 무한대에
가까운 조각의 움직임을 가능하게 했다."

2014년 서울
관객들과 더욱
친밀한 소통을 원하던
예술가들

'만지지 마시오.'
'만져 보세요.'

관객이 공을 던지면
그림이 그려진다.

아이디어가 '기술'을 만나

에브리웨어
(Everyware)

모든 사물이
예술의 도구가 된다.

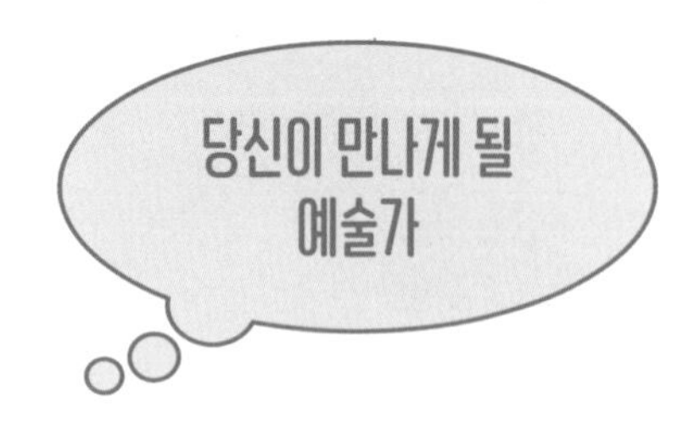

세계적인 비디오 아티스트, 백남준

경기도 과천 국립현대미술관 중앙 홀에는 보는 이를 압도하는 작품이 자리하고 있습니다. 1,003개에 이르는 TV를 탑처럼 쌓아 올린 대작 〈다다익선(多多益善)〉입니다.

서울올림픽을 기념해 1998년에 만든 것으로 지름 7미터, 높이 18.5미터, 무게가 16톤에 이르는 거대한 5층 원형 탑이에요. 이 작품에 사용된 1,003개의 TV는 10월 3일 개천절을 의미하며, 이 땅에 새로운 하늘이 열린 개천절과 같이 한국이 올림픽을 계기로 새로 일어나 발전하기를

다다익선

바라는 염원을 담고 있답니다.

백남준

〈다다익선〉의 작가는 세계적인 비디오 아티스트 백남준(1932~2006)이에요. 그는 비디오와 TV를 최초로 예술 작품에 접목한 비디오 아트의 창시자입니다. 처음에 그는 일본에서 음악사와 미술사를 공부했고, 현대음악을 공부하기 위해 독일로 유학을 떠났어요.

그곳에서 1958년 전위 음악가이자 미술가인 존 케이지(John Cage)를 만나 인생과 예술 세계에 일대 전환을 맞이하게 됩니다. 존 케이지는 작가와 관객의 상호작용성, 멀티미디어, 일렉트로닉스를 예술에 응용하기 시작한 혁신적인 예술가에요.

그의 영향을 받은 백남준은 1961년 플럭서스(fluxus) 그룹에 가담하여 멤버들과 함께 독일 플럭서스 운동을 주도하게 됩니다. 플럭서스는 '변화', '움직임', '흐름'을 뜻하는 라틴어에서 유래했으며 리투아니아 출신의 미국 행위예술가 조지 머추너스(George Maciunas)가 창시한 국제

적 전위예술 운동을 말해요. 플럭서스는 '복합 매체(intermedia) 예술 운동'이라고도 불립니다.

그 이유는 음악, 퍼포먼스, 출판물, 영화, 비디오, 시 등 다양한 매체를 미술에 도입하여 장르의 경계를 넘나드는 탈 장르적인 예술 운동이었기 때문이에요. 즉, 플럭서스는 대중매체를 활용하는 예술을 통칭하는 미디어 아트(media art)의 한 종류라고 할 수 있어요.

매체 기술의 발전과 발맞추어 진화하는, 미디어 아트

미디어 아트는 책, 신문, 만화, 포스터, 음반, 사진, 영화, 라디오, TV, 동영상, 컴퓨터 등 다양한 형태의 대중매체를 미술에 도입해 활용하는 예술을 말해요. 매체를 기반으로 한 예술이라 하여 '매체 예술'이라고도 부르는데, 다양한 매체를 활용하는 만큼 종류도 매우 많습니다.

플럭서스를 비롯해 팝 아트, 비디오 아트, 커뮤니케이션 아트, 레이저 아트, 컴퓨터 아트, 웹 아트, 아스키 아트, 퍼포먼스 아트, 인터랙티브 아

트, 사운드 아트, 시스템 아트, 라디오 아트, 로보틱 아트, 가상현실 아트 등이 있어요. 광범위한 영역과 관심을 아우르는 예술 장르가 바로 미디어 아트입니다.

미디어 아트는 매체를 활용한다는 특수성이 있어서 매체 기술의 발전과 발맞추어 진화하며 영역을 확장해왔어요. 즉, 미디어 아트는 그 시대의 다양한 기술과 문화의 발전을 반영한 예술이라고 할 수 있답니다.

예를 들면 1960년대에는 텔레비전과 방송이 등장하면서 이를 활용한 미디어 아트가 출현했는데요, 1990년대 이후에는 컴퓨터, 인터넷, 운영체제 기술이 개발되고 발전하면서 이를 기반으로 하는 컴퓨터 아트, 웹 아트 같은 미디어 아트의 영향력이 커지거나 새로운 유형이 등장했어요. 백남준과 같은 미디어 아티스트들은 '인간과 예술'의 매개자인 동시에 '인간과 기술'의 매개자 역할을 하는 셈이죠.

이러한 이유로 미디어 아티스트들은 사람들에게 '얼마나 더 아름답고 격조 높은 예술 작품을 만들어 보여줄 것인가'보다 새로운 매체 기술을 활용해 '얼마나 더 새로운 예술 세계와 경험을 선사할 것인가'에 주목한답니다. 백남준이 한 언론과의 인터뷰에서 한 말은 이러한 미디어 아티스트들의 특성을 잘 보여줍니다.

> "중요한 건 다름이지 누가 더 나은가가 아닙니다.
> 다른 것을 맛보는 것이 예술이지 등수를 매기는 것이
> 예술이 아닌 겁니다."

백남준의 작품은 변신 중

미디어 아트스트로서 사람들에게 보다 더 새롭고 다른 것을 보여주고자 했던 백남준은 혁신적인 기술을 사용하는 데 과감했어요. TV, 비디오, 레이저, 컴퓨터 등 그 시대의 새로운 기술을 미술에 도입함으로써 예술에 대한 정의와 표현의 범위를 확대했습니다.

이러한 백남준의 대표작인 〈다다익선〉은 2003년 그의 동의하에 작품에 사용된 브라운관 흑백 TV 모니터를 브라운관 컬러 TV 모니터로 교체하는 작업이 이뤄졌어요. 그리고 지금까지 그 상태를 유지하고 있는데, 일각에서는 브라운관 컬러 TV 모니터를 LCD 모니터로 바꿔야 한다는 목소리가 높아지고 있어요.

브라운관 모니터가 워낙 낡고 자주 고장이 나는 데다 국내 기업에서 이를 더는 생산하지 않기 때문이에요. 브라운관 모니터를 계속 유지할 경우 많은 비용이 소요될 수밖에 없어 많

은 이들이 신형 모니터로 교체하자는 의견을 제기하고 있답니다.

그러나 다른 한편에서는 원형 그대로 보존해야 한다며 교체를 반대하고 있어요. 브라운관 모니터와 달리 납작한 평면 형태인 LCD 모니터로 교체할 경우 작품의 모습이 크게 달라질 수 있는 데다 〈다다익선〉의 브라운관 모니터 자체가 하나의 작품이라는 이유에서입니다.

그러나 백남준의 다른 작품들은 살아생전 작가의 동의를 얻어 이미 LCD 모니터로 교체되었어요. 작품의 원형이 훼손될 가능성이 있는데도 왜 백남준은 교체를 허락했을까요? 백남준의 아내인 구보타 시게코(久保田成子)의 말을 들어보면 그 이유를 짐작하기에 충분합니다.

그녀는 한 언론과의 인터뷰에서 남편의 작품에 사용된 구형 모니터를 신형 모니터로 교체하는 것에 대한 생각을 묻자 'TV는 TV일 뿐'이라며 "백남준의 작품은 세상의 변화와 기술의 발달에 따라 달라질 수 있는 살아 있는 예술"이라고 대답했다고 해요. 혁신적인 기술을 사용하여 사람들에게 좀 더 새롭고, 좀 더 다른 것을 보여주는 것이 무엇보다 중요했던 미디어 아티스트인 그에게 신형 모니터로 교체하는 것은 작품을 훼손하는 것이 아니라 진화시키는 또 하나의 창작 활동이었던 것이죠.

현재 백남준의 〈다다익선〉은 2022년까지 보수 중이라 큰 가림막이 설치되어 있어 볼 수 없다고 합니다. 2022년에는 또 어떤 〈다다익선〉이 우리 앞에 펼쳐질까요?

컴퓨터를 미술에 접목한 국내 최초의 키네틱 아티스트 서동화

일반인들에게 널리 알려지지 않았지만 서동화는 백남준 못지않게 혁신적인 기술을 미술에 도입했던 예술가 중 하나입니다. 국내 최초의 키네틱 아트(Kinetic art) 예술가인 그는 컴퓨터가 아직 대중화되지 않았던 시절, 컴퓨터를 이용해 작품을 창작하고자 했어요.

여기서 '키네틱'이란 물리학 용어로 '운동의', '동적인'이라는 뜻을 가진 말로, 키네틱 아트는 작품 자체가 움직이거나 움직이는 부분을 넣은 예술 작품을 말한답니다.

키네틱 아트는 움직임을 중시하거나 그것을 주요소로 하기 때문에 작품이 거의 조각의 형태를 취합니다. 그리고 작품 속에서 움직임을 나타내기 위해 바람, 물, 사람, 태엽, 도르래, 모터, 컴퓨터 등 다양한 수단을 동원합니다. 1993년 서동화가 키네틱 아티스트로서 첫 개인전을 열었을 당시에는 움직임을 표현하는 수단으로 물, 바람 등이 일반적으로 활용되었어요.

하지만 서동화는 달랐습니다. 그는 당시로써는 매우 획기적인 수단을 이용했는데, 바로 컴퓨터였어요. 그는 컴퓨터 전자회로를 이용해 작품을 살아 움직이게 했습니다. 그러나 그의 작품은 세상의 큰 주목을 받지는 못했어요. 키네틱 아트 자체가 생소했던 데다 컴퓨터와 미술을 접목하는 시도 또한 낯선 것이었기 때문이에요. 그래서 그는 컴퓨터 전자기기를 이용한 국내 최초의 키네틱 아티스트라는 수식어만 남긴 채 세상으로부터 잊힌 존재가 되었답니다.

창작에 날개를 달아준 코딩

1990년대 IT 기술의 발달로 디지털이 전 세계적으로 보급되고 정착되면서 사람들에게 컴퓨터는 더는 낯선 존재가 아닌 매우 필수적이고 친숙한 존재가 되었어요. 이에 따라 컴퓨터를 예술에 접목하려는 시도는 전혀 특별할 것 없는 일이 되었고, 사용법만 알아도 뛰어난 예술적 구현이 가능한 그래픽 소프트웨어들까지 개발되면서 이를 이용한 다양한 창작 활동이 시도되었습니다.

그러나 그 과정에서 이미 만들어진 소프트웨어를 통해 작품을 만드는 것이 과연 창작인지, 단순한 도구의 활용인지에 대한 논란이 불거졌습니다. 또한 창작의 자유가 소프트웨어의 틀에 갇혀버리는 결과를 초래해 예술가들은 컴퓨터를 이용한 창작 활동의 한계를 느끼기도 했어요.

이에 일부 예술가가 이 한계를 극복하기 위해 노력했는데, 그 과정에서 이들은 자신들이 사용하는 소프트웨어 속에서 또 다른 가능성을 발견하게 되었어요.

그것은 바로 소프트웨어를 만들 때 사용하는 도구인 프로그래밍 언어를 이용해 직접 소프트웨어를 만드는 작업, 즉 '코딩'이었습니다. 이들은 코딩을 통해 소프트웨어를 만들어 컴퓨터와 직접 소통하며 창작의 한계를 극복했어요. 코딩이 컴퓨터를 이용한 창작 활동에 날개를 달아준 것이죠.

미래에 우리가 만날 예술가들

코딩을 통한 활발한 창작 활동을 함으로써 현재 미술계에서 뜨거운 관심을 받고 있는 대표적인 미디어 아티스트가 방현우와 허윤실입니다.

부부 사이인 이들은 '에브리웨어(Everyware)'라는 미디어 아트 그룹으로 활동하고 있어요. 에브리웨어란 '모든 기물'이라는 뜻으로, 다양한 분야의 기술과 새롭게 등장하는 미디어를 모두 다루며 작품 활동을 한다는 의미에서 붙인 이름이라고 해요.

에브리웨어는 작품을 만들 때 그래픽 소프트웨어를 사용하기도 하

지만 코딩을 통해 자체적으로 만든 소프트웨어를 주로 활용합니다. 그래서 에브리웨어의 작품들은 매우 창의적이고 흥미로우며, 무엇보다도 작품과 관객 간에 소통이 활발하게 이루어진답니다. 즉, 에브리웨어는 컴퓨터, 인터넷 등 디지털기기와 기술을 창작의 핵심적인 요소로 활용하는 디지털 아트 중 인터랙티브 아트 그룹이라고 할 수 있습니다.

인터랙티브 아트는 좁게는 디지털 아트, 넓게는 미디어 아트에 포함되는 예술 장르에요. '인터랙티브(interactive, 상호작용)'라는 단어에서도 짐작할 수 있듯 관객과의 상호작용이 무엇보다 중요합니다. 관객과의 소통과 관객의 참여가 필수적으로 요구되는 장르로, 관객이 참여할 때 비로소 작품이 완성된다고 볼 수 있죠.

인터랙티브 아트는 어떻게 관객의 참여를 이끌어 보다 큰 즐거움과 새로운 경험을 선사할 것인지를 고민하고 구현해야 하기 때문에 무엇보다 창의성이 중요합니다. 그리고 그 아이디어를 작품화할 수 있는 도구도 창의성 못지않게 중요해요. 코딩은 이를 가능하게 하는 도구이자 기술이랍니다.

소프트웨어가 세상의 중심이 될 미래에는 코딩을 이용해 한계를 모르는 창작 활동을 펼침으로써 인류에게 새로운 즐거움과 경험을 선사하는 에브리웨어와 같은 예술가들을 어렵지 않게 만날 수 있을 거예요. 예술에 무한한 창작의 가능성을 선사한 소프트웨어, 그 소프트웨어를 직접 만들어 예술에 다양하게 접목할 미래에 우리가 만날 예술가들. 그 모습이 정말 기대되죠?

로봇,
따뜻한 기술로 태어나다

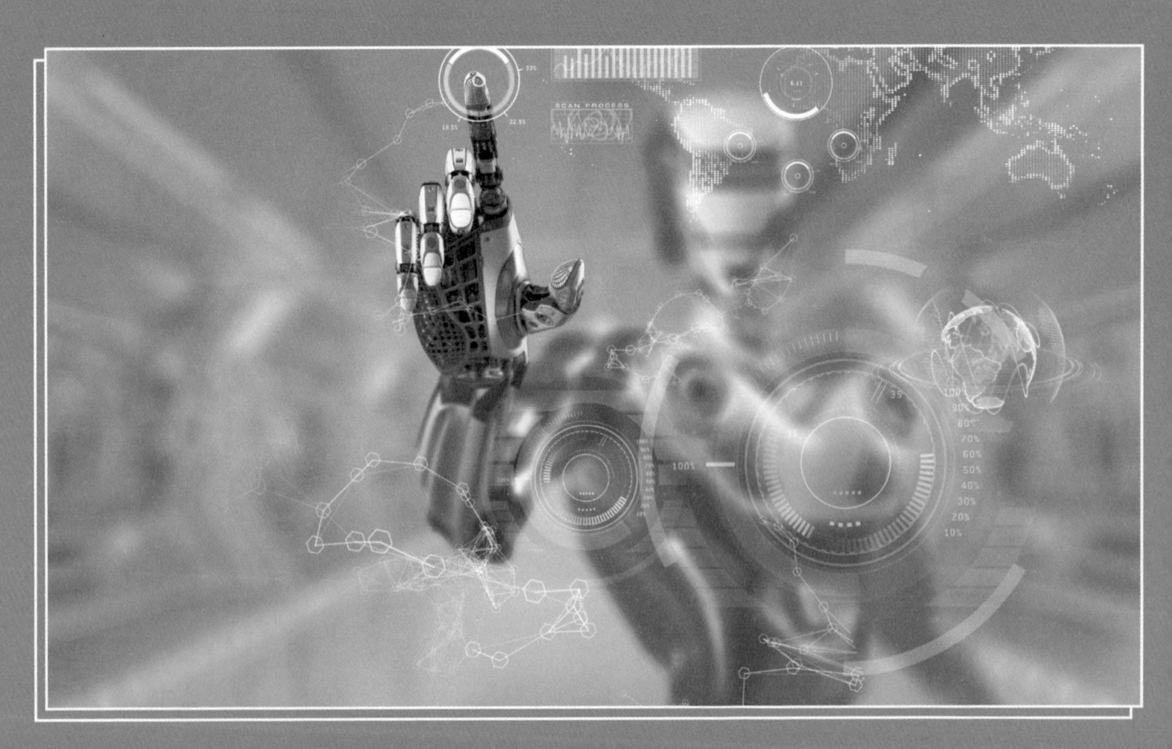

“인류를 구할 로봇.
현재 우리는 지구를 구할 수 있는
로봇을 만드는 데 집중하고 있습니다.”

– 데니스 홍(로봇공학자)

EBS 〈로봇, 따뜻한 기술로 태어나다〉
영상 보기

사람을 위한 행복한 세상을 위한
따뜻한 기술 로봇

1921년
문학 속에서 처음으로 등장한 로봇의 개념

그리고
약 100년이 지난 현재

"우리가 만든 로봇은 툴입니다.
사람들이 할 수 없는 일,
혹은 하기 힘든 일을 대신 하는 툴이죠.
우리는 보통 3D라는 표현을 씁니다.
DULL, DIRTY, DANGEROUS."

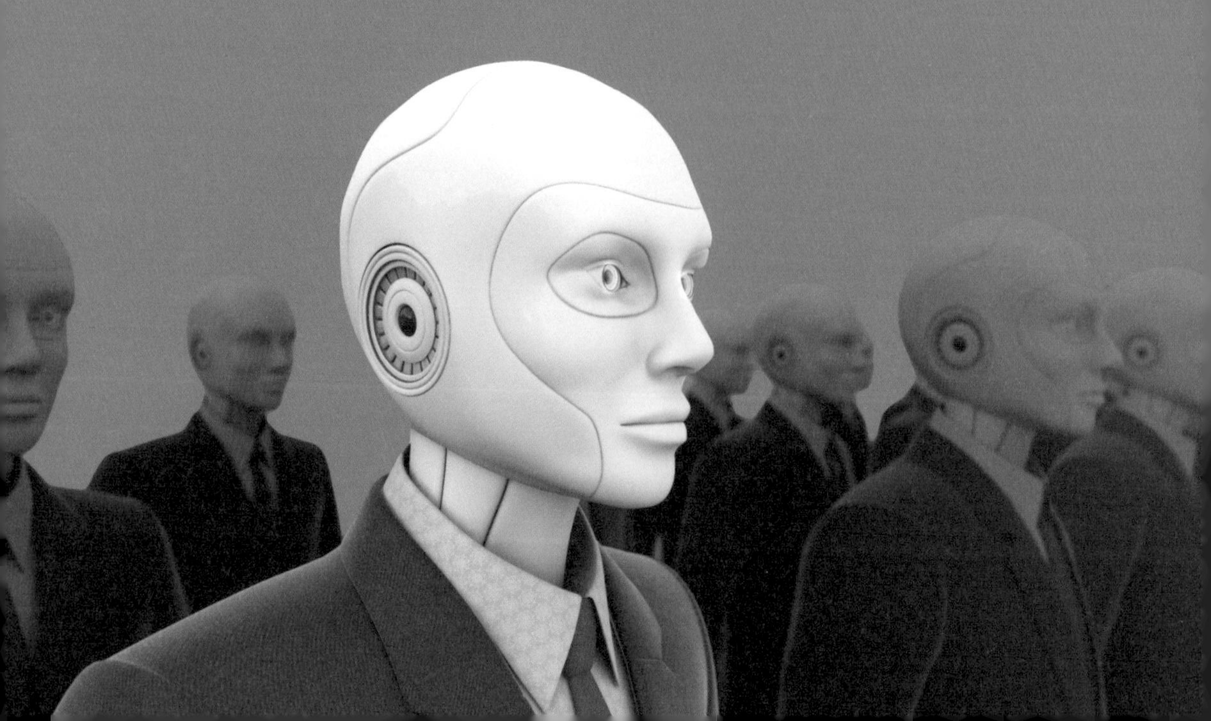

DULL
지루하고

DIRTY
더럽고

DANGEROUS
위험한

인류를 구할 로봇을 만들어라!

소방관과 함께 화재 현장에 들어가서
사람의 생명을 구할 수 있는
화재 구조 로봇

불이 나도 아무도 다치지 않는 세상

앞을 보지 못하는 사람들에게
자유를 주기 위해 만든
시각장애인용 차

시각장애인도 운전할 수 있는 세상

모두가 행복한 세상을 위한
따뜻한 기술

"로봇 하면 기계적인 몸을 생각하지만,
기계 자체보다는 기계를 움직이게 하는
컨트롤 알고리즘인 소프트웨어가 중요합니다.
세상을 바꿀 기술을 만들기 위해서
꼭 필요한 것이 소프트웨어 교육입니다.
여러분도 열심히 하면
세상을 바꿀 수 있는
정말 재미있고 신기하고 가치 있는
여러 가지 일을 하실 수 있습니다!"

– 데니스 홍

세상을 더 따뜻하게 바꾸는 도구
소프트웨어

로봇의 역사

'로봇(robot)'은 스스로 작업하는 능력을 갖춘 기계 혹은 인간과 비슷한 모양과 기능을 가진 기계라는 뜻을 지닌 말이에요. 이 말이 처음 사용된 것은 1920년 체코슬로바키아의 소설가 카렐 차페크(Karel Capek)가 발표한 희곡《로섬의 인조인간(Rossum's Universal Robots》에서였어요.

차페크의 희곡에 등장하는 로봇이라는 말은 체코어로 '노동'을 의미하는 'robota'에서 비롯되었어요. 그 어원에서 짐작할 수 있듯 로봇의 주된 기능은 인간이 해야 하는 특정한 노동을 대신 수행하는 것으로, 로봇이 이러한 실용적인 존재가 되기까지는 많은 시간이 필요했

습니다.

로봇에 대한 발상과 제작 시도는 이미 고대부터 이루어졌다고 해요. 그렇지만 1960년대 이전까지 로봇은 그저 종교의식의 도구, 사람들을 놀라게 하거나 즐거움을 주기 위한 놀잇감 또는 장식용이거나 전시용이거나 박람회의 관객 유치용에 지나지 않았죠.

이러한 로봇이 1961년 일대 전환기를 맞이하는데, 미국의 조지프 엥겔버거(Joseph F. Engelberger)가 개발한 '유니메이트(Unimate)'라는 로봇 때문이었어요. 포드자동차에서 금형주조 기계의 주물 부품을 하역하는 데 사용된 유니메이트는 최초의 산업용 로봇으로, 이때부터 본격적으로 로봇의 실용화 시대로 진입했답니다. 엥겔버거는 그 공로를 인정받아 '근대 로봇의 아버지'라고 불리게 되었답니다.

로봇은 발전을 거듭해 응용 범위가 대폭 확대되었는데 현재는 용도에 따라 크게 산업용 로봇, 서비스용 로봇, 특수목적용 로봇으로 나뉘어요. 산업용 로봇은 산업 현장에서 인간을 대신하여 제품의 조립·검사 등을

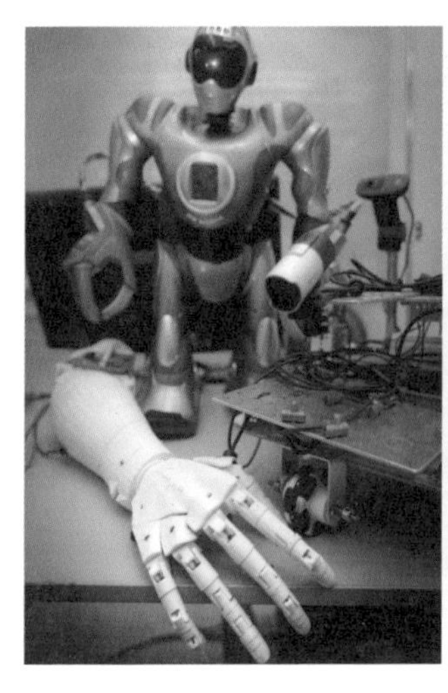

담당하는 로봇을 말하고, 서비스용 로봇은 청소·교육실습·환자 보조 등과 같이 인간 생활에 다양한 서비스를 제공하는 로봇을 말해요. 그리고 특수 목적용 로봇은 전쟁터, 우주, 심해, 원자로 발전소 등과 같이 인간이 수행하기에는 위험하거나 한계가 있는 환경에서의 극한 작업을 하는 데 사용되는 로봇이에요.

조작 방법에 따라서는 인간이 직접 조작하는 수동 조작형 로봇(manual manipulator), 미리 설정된 순서에 따라 행동하는 시퀀스 로봇(sequence robot), 인간의 행동을 그대로 따라 하는 플레이백 로봇(playback robot), 프로그램을 수시로 변경할 수 있는 수치제어 로봇(numerically controlled robot), 스스로 생각하고 학습하고 느끼는 인공지능을 가진 지능형 로봇(intelligent robot)으로 분

류돼요. 이 가운데 가장 발달된 단계는 지능형 로봇으로 '휴머노이드 로봇', '인간형 로봇'으로도 불려요. 우리나라뿐만 아니라 세계 각국에서 미래의 성장동력으로 보고 투자와 개발을 활발하게 하고 있답니다.

로봇, 위협일까 축복일까요?

현재 로봇은 인간이 노동을 하기에 힘들거나 사람들이 꺼리는 현장에 투입되어 인간의 자리를 대신하고 있어요. 단조로운 반복 작업으로 사람들에게 권태감을 불러일으키거나 부주의로 인한 안전 사고, 제품의 불량 등이 발생할 수 있는 산업 현장이 대표적입니다.

높은 온도와 습도, 소음 등으로 작업 환경이 열악한 곳이나 원자력 발전소, 탄광, 전쟁터처럼 위험에 노출되기 쉬운 곳 등에도 투입돼요. 즉 로봇은 인간이 일하기에는 지루하고, 더러우며, 위험한 곳에서 인간 대신 노동력을 제공하고 있는 것이죠. 이러한 측면에서 볼 때 로봇은 인간에게 매우 고마운 존재입니다.

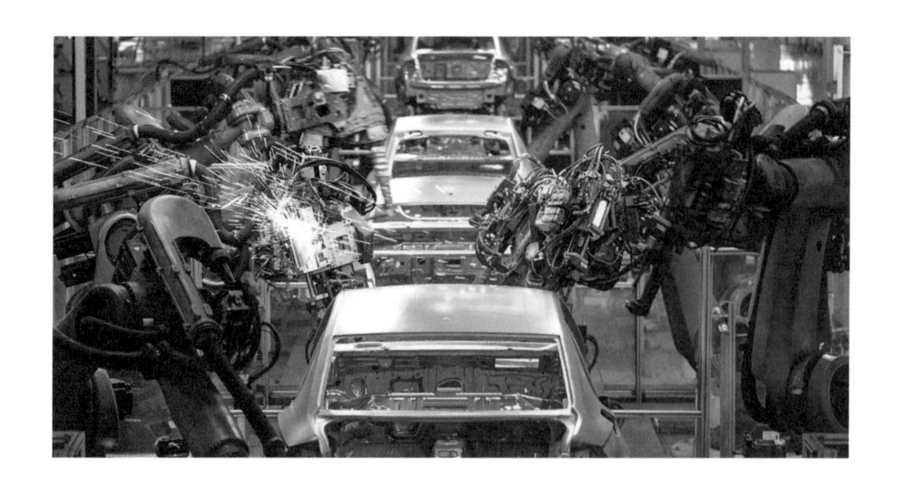

그런데 IT 기술의 발달로 로봇, 특히 높은 발달 단계의 인공지능을 가진 로봇이 등장해 인간만이 할 수 있었던 일들을 빠르고 정확하게 수행하면서 로봇은 점점 실제로 인류에게 위협을 가할 수 있는 존재로도 인식되고 있어요.

로봇이 단순 노동으로부터 인간을 해방해주고, 공장에서 생산을 자동화하여 생산성을 획기적으로 향상시키며, 인간이 노동을 하기에는 적합하지 않은 작업 환경에서 인간 대신 노동력을 제공하는 건 사실이에요. 하지만 바로 그 때문에 일자리가 사라짐으로써 로봇은 인류가 결코 두 손 들고 환영할 수만은 없는 존재라는 인식이 강화되고 있어요.

실제로 2016년 세계경제포럼(WEF)이 발표한 미래 고용 보고서에 따르면 로봇과 인공지능의 발전으로 향후 5년간 약 700만 개의 일자리가 사라질 것으로 전망되고 있다고 해요. 미래에는 로봇이 더욱 광범위하게 활용될 것이기에 로봇으로 인한 일자리 박탈 문제는 지구촌 전체를 우려와 공포 속으로 몰아넣고 있답니다.

이러한 측면에서 볼 때 로봇은 인류에게 재앙처럼 여겨집니다. 하지만 그렇게 단정하기에는 로봇이 가진 가능성이 너무도 크고, 이 가능성이 어느 방향으로 흘러갈지 누구도 장담할 수 없어요. 한 가지 분명한 사실은 인류에게 축복이 될 수도, 위협이 될 수도 있는 이 두 가지 가능성을 로봇은 늘 가지고 있다는 것입니다.

인류를 위한 가장 따뜻한 기술, 로봇을 만들다

로봇은 인간만이 가능할 것이라고 여겼던 영역에까지 침범할 정도로 놀라운 기술적 발전을 이루었어요. 컴퓨터가 인류의 필수품이 되었듯 로봇도 머지않은 미래에 가정은 물론 모든 산업 분야에 광범위하게 활용되는 존재가 될 것이에요.

그러나 제아무리 똑똑한 로봇도 모두 인간의 손끝에서 만들어집니다. 즉, 인류에게 양날의 칼과 다름없는 로봇이 인간에게 축복이 될 것인지, 재앙이 될 것인지는 모두 인간의 손에 달린 것이죠. 인류가 '우리가 하는 일이 세상에 어떤 영향을 미칠 것인가?'를 늘 염두에 두고 로봇을 만든다면 가장 차가운 금속의 로봇은 인류를 위한 가장 따뜻한 기술이 될 수 있습니다.

'로봇 다빈치'로 불리는 데니스 홍(Dennis Hong)은 로봇을 이러한 존재로 만들기 위해 노력하는 대표적인 로봇공학자에요. 한국계 미국인인 데니스 홍은 미국의 과학 잡지 〈파퓰러 사이언스(Popular Science)〉가 선정한 젊은 천재 과학자 10인에 꼽힐 정도로 세계적인 명성을 자랑한답니다.

그가 이러한 명성을 얻게 된 것은 그가 개발한 세계 최초의 시각장애인용 자동차, '브라이언(BRIAN)' 덕분이에요. 그는 눈이 보이지 않는 시각장애인이 일반인처럼 운전할 수 있는 자동차를 개발하여 실제 시각장애인이 자동차 운전에 도전해 성공하는 모습을 세상에 보여주었죠.

이 일은 미국의 〈워싱턴 포스트〉가 '달 착륙에 버금가는 성과'라고 소개할 정도로 세간의 큰 주목을 받았답니다. 또한 그 성과를 인정받아 그는 미국 국립과학재단(NSF)이 수여하는 '젊은 과학자상'을 비롯해 'GM 젊은 연구자상', '미국 자동차공학회(SAE) 교육상' 등 수많은 상을

받았어요.

그가 세계 최초의 시각장애인용 자동차 개발에 성공하기까지 그 여정은 결코 순탄하지 않았습니다. 무모하고 위험하다며 수많은 사람이 반대했고, 심지어 시각장애인들까지 그의 연구를 반대하는 일이 벌어졌어요. 이에 그는 깊은 절망과 회의감을 느꼈지만 결코 포기하지 않았어요. 기술로 인간이 행복해지는 세상을 만들겠다는 꿈이 그만큼 확고했기 때문이에요.

인류를 위한 따뜻한 기술을 만들겠다는 그의 꿈은 어린 시절에 그 뿌리가 닿아 있습니다. 영화 〈스타워즈〉를 보며 인간을 돕는 로봇을 만드는 로봇과학자가 되겠다는 결심을 한 그는 꿈을 이루기 위해 부단한 노력을 했고, 그 결과 세계 최초의 시각장애인용 자동차를 탄생시켰어요. 그리고 그 꿈은 지금도 계속 이어져 2004년 그가 설립한 로멜라연구소(RoMeLa: Robotics & Mechanisms Laboratory)는 세계 무인 로봇 분야 3위, 미국 지능형 로봇(휴머노이드 로봇) 개발 분야 1위를 달리고 있답니다. 로멜라연구소는 수많은 로봇을 만들어냈고, 지금도 만들어내고 있어요.

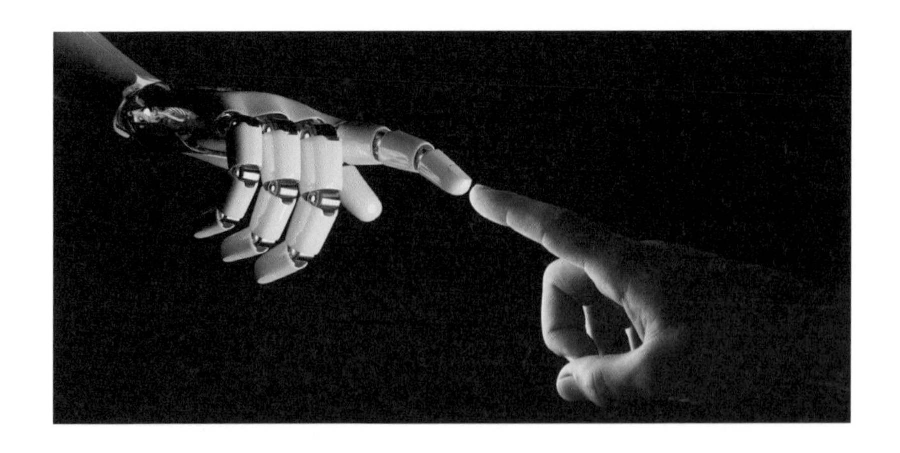

미국 최초의 지능형 로봇 찰리, 전 세계에 교육·연구용으로 모든 소스를 공개한 또 다른 지능형 로봇 다윈-op, 사람의 생명을 구하는 화재 진압 및 재난 구조용 로봇 사파이어와 토르를 비롯해 아메바 로봇, 스트라이더, 임패스, 탈러, 스말러, 클라이머, 마스, 하이드라스, 라파엘 등 셀 수도 없을 정도랍니다.

데니스 홍이 로봇을 개발할 때 가장 중요하게 생각하는 부분은 '사람의 윤리'입니다. 로봇은 어떻게 사용하느냐에 따라 인류에게 이로운 존재가 될 수도, 해로운 존재가 될 수도 있어요. 그래서 그는 로봇을 만들 때 항상 이 결과물이 세상에 얼마나 이로운 영향을 미칠 것인가, 인간에게 얼마나 따뜻한 기술이 될 것인가를 생각했어요. 이러한 생각이 그가 인류에게 도움을 주는 수많은 로봇을 개발하는 원동력이 되었답니다.

인간과 로봇, 아름다운 공존을 꿈꾸다

로봇 세상의 도래는 이제 피할 수 없는 현실이 되었어요. 또한 로봇이 점점 똑똑해지는 것도 막을 수 없습니다. 앞으로 인간은 로봇 덕에 수많은 혜택을 누리겠지만, 인간보다 점점 더 우월해지는 로봇이 자신에게 위협이 될지도 모른다는 두려움과 공포도 그만큼 커질 것입니다. 그렇다고 로봇 기술이 발전하는 것을 규제하고 검열한다면 인간을 이롭게 하고 세상을 구할 수 있는 로봇을 만들 기회를 영영 잃어버리게 될테지요.

로봇 기술의 발전을 지속적으로 꾀하면서 강하고 똑똑한 로봇의 위협으로부터 벗어나는 유일한 방법은 데니스 홍처럼 로봇과 인간의 아름다운 공존을 꿈꾸며 로봇을 인류를 위한 따뜻한 존재로 만들기 위해 끊임없이 노력하는 것입니다. 이를 위해서는 소프트웨어에 주목해야 해요. 로봇을 움직이게 하는 것은 기계 자체가 아니라 소프트웨어이기 때문입니다.

따뜻한 진짜 '심장'을 가진 로봇, 그것은 소프트웨어에 달렸다는 것을 잊지 말아야 합니다. 사람을 사랑하는 마음을 잃지 않은 인간이 만든 소프트웨어 말이죠.

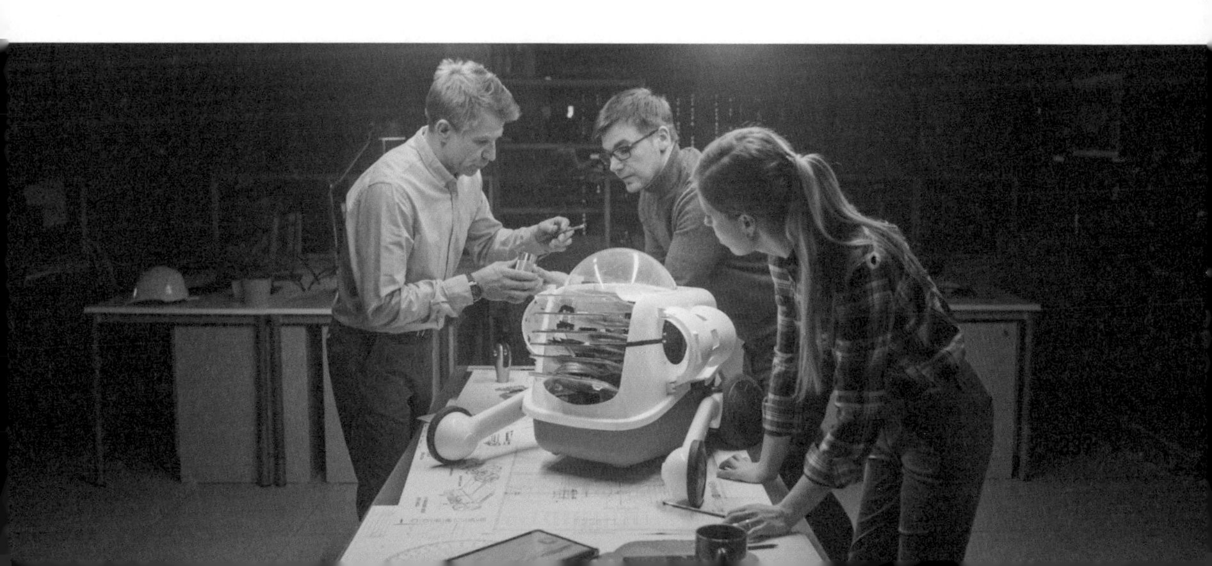

컴퓨터와 소통을 꿈꾸다

“장난감을 조립하는 행위를 통해
아이들은 창의적이고 실험적이며
탐험적으로 성장하게 된다.”

– 미첼 레즈닉(스크래치주니어 공동개발자)

EBS 〈컴퓨터와 소통을 꿈꾸다〉
영상 보기

1960년부터 논의되어온
컴퓨터와의 소통 문제

마우스 최초 개발자
더글러스 엥겔바트

"컴퓨터는 AI, 즉 인공지능이기보다는
IA, 즉 인간지능 확장을 위해 사용되어야 한다."

AI(Artificial Intelligence) → IA(Intelligence Amplification)

컴퓨터를 통해 인간의 문제를
보다 쉽고 빠르게 해결하기 위해 필요한 것
'인간과 컴퓨터 간의 상호작용'

최초의 어린이용 프로그래밍 언어
'로고' 개발자
시모어 페퍼트

시모어 페퍼트

로고 개발의 조건

'낮은 바닥과 높은 천장, 넓은 벽의 조건을 모두 만족해야 한다.'

낮은 바닥

초보자도 배우기 쉬워야 한다.

높은 천장

전문가적인 프로젝트도 수행할 수 있어야 한다.

넓은 벽

다양한 분야로 확장할 수 있어야 한다.

이러한 생각이 반영된

'어린이에게 생각하는 법'을 가르치는

프로그래밍 언어, 로고

스몰토크 개발자 앨런 케이

앨런 케이가 강조한 것
교육과 단순함

"컴퓨터는 어린이도
쉽게 교육받을 수 있도록
쉽고 단순해야 한다."

시모어 페퍼트,
앨런 케이의 영향을 받은
미첼 레즈닉의
교육 프로그래밍 언어
'스크래치'

미첼 레즈닉

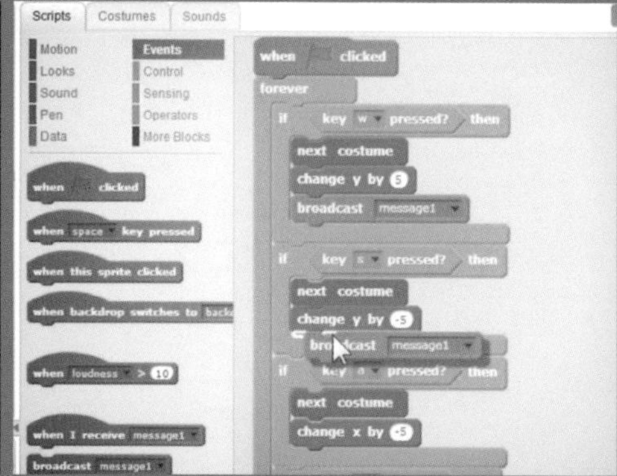

컴퓨터 교육은 딱딱하고 재미없다는
편견을 깨뜨리고

실제로 경험하며
문제 해결 능력과 창의력을 키우는

경험에 의한 학습
learning by doing

컴퓨터와의 소통을 꿈꾼
컴퓨터과학자들,
이들의 노력이 없었다면
이 모든 일은 불가능했다.

인간과 컴퓨터의 소통을 위해 탄생한 마우스

모양이 마치 쥐와 닮았다고 해서 '마우스(mouse)'라는 이름을 갖게 된 컴퓨터 입력장치. 마우스는 움직이면 화면 속 커서가 움직이고 버튼을 클릭하면 명령이 실행되는 비교적 간단한 사용법 덕에 현재까지 키보드와 함께 가장 많이 사용되는 컴퓨터 입력장치 중 하나입니다.

마우스가 널리 보급되기 시작한 것은 1984년 미국의 애플이 개인용 컴퓨터 매킨토시(Macintosh)를 출시하면서부터였어요. 매킨토시는 애플이 컴퓨터를 비전문가도 쉽게 사용할 수 있는 기계로 만들겠다는 목표를 세우고 개발한 개인용 컴퓨터입니다.

스마트폰이 등장한 이후에는 터치스크린이나 각종 센서를 이용한 입력 방식이 꾸준히 개발되고 있지만 여전히 마우스는 컴퓨터를 사용하는 데 없어서는 안 될 가장 중요한 입력장치랍니다. 아직 마우스만큼 많은 장점을 가진 입력 방식이 탄생하지 않았기 때문이죠.

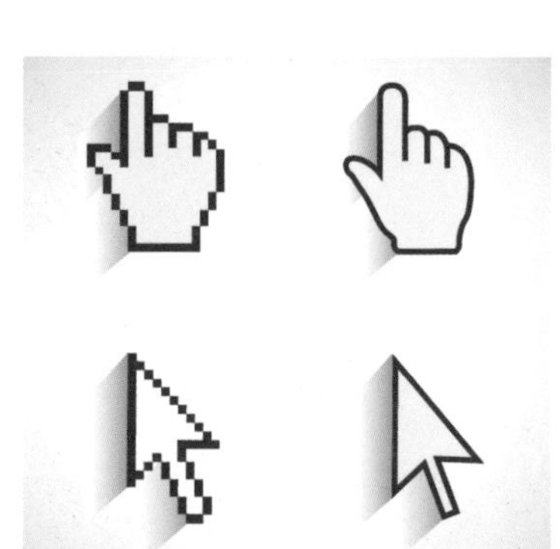

클릭, 더블클릭, 우클릭 등으로 대변되는 마우스의 선택·실행 기능과 사용자의 움직임을 그대로 반영하는 마우스 포인터는 각종 명령어를 입력하는 시간을 줄여줄 뿐만 아니라 많은 단축키를 외워야 하는 부담도 덜어준답니다. 한마디로 마우스는 현존하는 입력 방식 중 가장 직관적이며, 사용자가 원하는 동작을 아주 정확하게 입력하는 입력장치라고 할 수 있어요.

마우스를 최초로 개발하다, 더글러스 엥겔바트

이런 마우스를 최초로 개발한 사람은 미국의 공학자 더글러스 엥겔바트(Douglas Engelbart, 1925~2013)입니다. 컴퓨터 기술의 혁신을 이끌어 인류가 디지털 시대를 맞이하는 데 결정적인 기여를 했어요.

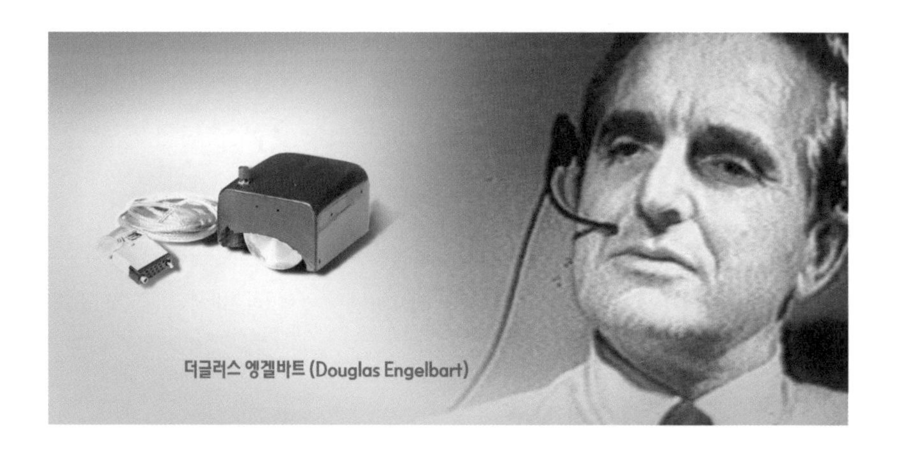
더글러스 엥겔바트 (Douglas Engelbart)

일찍이 개인용 컴퓨터와 인터넷이 출현할 것을 예견했을 뿐만 아니라, 특히 '인간-컴퓨터 상호작용(HCI: Human Computer Interaction)' 분야의 선구자 역할을 함으로써 인류가 어마어마한 능력을 갖춘 컴퓨터를 편리하고 자유롭게 사용할 수 있는 토대를 마련했답니다.

엥겔바트는 어떻게 하면 인간과 컴퓨터의 상호작용이 쉽게 이루어지도록 할 수 있을까, 그럼으로써 인간이 가진 문제를 보다 쉽고 빠르게 해결할 수 있을까를 평생 고민하고 연구했어요.

그의 노력은 1968년 'NLS(oN-Line System, 온라인 시스템)'의 탄생으로 이어졌는데, NLS는 오늘날의 컴퓨터 사용자들이 일상적으로 사용하는 수많은 도구를 갖춘 컴퓨터 통합 환경을 말해요. 여기에는 비교적 간단하게 컴퓨터 프로그램을 구동시키는 마우스, 그래픽 기반의 사용자 환경(GUI), 네트워크를 통한 정보 전송 및 원격 화상 회의, 하이퍼텍스트를 통한 문서 이동, 워드 프로세싱, 전자우편 등이 포함된답니다.

NLS는 오늘날 인터넷의 원형인 아르파넷의 기초이자 하이퍼텍스트의 기반 기술이 되었으며, 원격 화상 회의라는 새로운 방식을 등장하게 했어요. 즉, NLS는 인간과 컴퓨터 사이의 소통을 획기적으로 향상시켜 상호작용 컴퓨팅의 새로운 시대를 여는 데 결정적인 역할을 한 혁명적인 시스템이었죠.

엥겔바트는 NLS의 중요한 요소로서 자신이 심혈을 기울여 만든 마우스를 포함시켰어요. 그에게 마우스는 그저 단순한 컴퓨터 입력장치가 아니라 인간과 컴퓨터 간의 상호작용이 보다 쉽게 이루어지도록 할 수 있는 하나의 중요한 수단이었기 때문이죠.

궁극적으로 마우스는 인간과 컴퓨터 사이의 커뮤니케이션을 향상시켜 컴퓨터가 인류에게 좀 더 편리하고 유용한 존재로 변모하는 데 기여하기 위해 탄생한 도구라고 할 수 있어요. 그러나 1968년 NLS를 시연하면서 처음 공개된 마우스는 세상의 스포트라이트를 받지 못했답니다.

당시 컴퓨터는 대학이나 기관에서 연구용으로 사용하는, 즉 특정 계층만을 위한 기계였기 때문이에요. 그러다 보니 당시에는 마우스보다는 하이퍼텍스트를 통한 문서 이동, 네트워크를 통한 정보 전송 및 원격 화상 회의 등이 사람들의 주목을 받았답니다.

어린이도 컴퓨터와 소통할 수 있는 세상을 꿈꾼 컴퓨터과학자들

전문가가 아닌 일반인도 얼마든지 프로그램을 설계할 수 있는 프로그래밍 언어가 출현하면서 프로그래밍을 배우려는 사람들이 늘고 있어요. 이에 초보자도 프로그래밍을 쉽게 배울 수 있는 교육용 프로그래밍 언어가 많이 개발되었는데, 스크래치(Scratch)가 대표적인 예입니다.

스크래치는 미국 MIT에 있는 세계적인 미디어융합 기술연구소인 MIT 미디어랩(MIT Media Labs)의 미첼 레즈닉(Mitchel Resnick) 교수가 개발한 교육용 프로그래밍 언어에요.

다른 프로그래밍 언어를 전혀 몰라도 애니메이션, 게임, 시뮬레이션 등 다양한 프로그램을 만들 수 있어요. 조립식 블록 완구인 레고(Lego)처럼 블록 모양의 명령어를 마우스로 클릭해 끌어다가 쌓기만 하면 되기 때문이죠. 그래서 스크래치는 현재 어린이를 대상으로 하는 교육용 프로그래밍 언어로 가장 널리 쓰이고 있답니다.

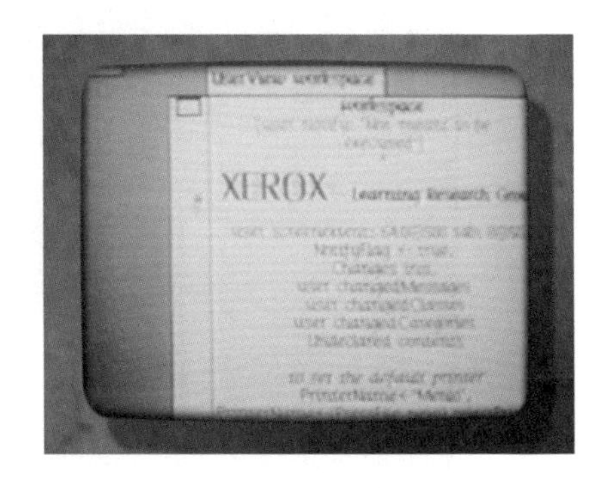

스크래치는 스몰토크(smalltalk)라는 프로그래밍 언어를 기반으로 만들어졌어요. 스몰토크는 복사·인쇄 관련 기기를 생산하는 세계적인 기업인 제록스(Xerox)가 1970년에 설립한 팰로앨토연구소(PARC: Palo Alto Research Center)에서 개발한 객체 지향 프로그래밍 언어(Object-oriented Language)와 개발 시스템이에요. C++, 자바 같은 객체 지향 프로그래밍 언어의 효시라고 할 수 있죠.

여기서 객체 지향 프로그램이란 모든 데이터를 오브젝트(object), 즉 객체로 취급하여 프로그래밍하는 방식을 말해요. 다시 말해 컴퓨터 프로그램을 명령어의 나열로 보는 것이 아니라 여러 개의 독립 단위인 객체가 상호작용하는 관점으로 보고 처리하는 프로그래밍 방법이랍니다.

객체라는 단위로 프로그래밍을 하기 때문에 크고 복잡한 프로그램도 단순화할 수 있고, 시스템의 생산성과 신뢰성도 높일 수 있어요.

앨런 케이

스몰토크를 만든 사람은 팰로앨토연구소 소속의 미국 전산학자 앨런 케이(Alan Curtis Kay)와 그의 동료들이에요. 어느 날 앨런 케이는 연구소 동료들에게 컴퓨터 프로그램이 작은 기기처럼 움직이는 코드 조각들, 즉 객체들로 구성될 수 있으며, 프로그래밍 언어는 종이 한 장에 기록할 수 있을 정도로

간단해야 한다는 자신의 생각을 얘기했어요.

앨런 케이는 일반인, 특히 어린이의 컴퓨터 사용 능력을 높일 수 있는 컴퓨팅 환경을 개발하는 데 집중했습니다. 그는 컴퓨터는 어린이도 배우고 사용할 수 있을 만큼 쉽고 단순해야 한다고 생각했고, 연구를 지속하여 스몰토크를 개발했어요.

그는 또한 인간과 컴퓨터 사이의 소통에 결정적인 역할을 한 그래픽 사용자 인터페이스(GUI)의 개발자이기도 해요. 또 동료들과 함께 세계 최초로 GUI를 적용한 미니컴퓨터 '제록스 알토(Xerox Alto)'도 만들었죠. 제록스 알토는 사용 방식이 단순한 GUI 기반의 컴퓨터였기 때문에 어린이들도 쉽게 사용할 수 있었답니다.

그런데 앨런 케이가 스몰토크를 개발하는 데 결정적인 영향을 미친 프로그래밍 언어가 있으니, 바로 '로고(Logo)'입니다. 남아프리카공화국 출신의 미국 수학자이자 컴퓨터공학자, 교육자인 시모어 페퍼트(Seymour Papert)가 개발한 것이에요.

1968년에 만들어진 로고는 최초의 어린이용 프로그래밍 언어로, 이를 이용해 프로그램을 만들어 장난감 로봇 거북을 컴퓨터로 원격 조종할 수 있도록 했어요. 이동시키고 싶은 방향과 각도, 거리 등을 지정하는 단순한 명령어를 순서대로 배열하면 장난감 로봇 거북이 그 명령에 따라 움직이는 방식이어서 어린이도 쉽게 텍스트, 그래픽, 음악 등을 제어할 수 있답니다.

로고는 설계 당시 낮은 바닥과 높은 천장, 넓은 벽의 조건을 만족시켜야 한다는 목적을 가지고 설계되었어요. 여기서 바닥은 문턱을 얘기하고, 천장은 전문적인 프로젝트도 수행할 수 있는 능력, 벽은 다양한 분야로의 확장을 의미해요. 즉, 페퍼트는 초보자도 쉽게 학습할 수 있으면서 전문적인 프로젝트도 수행할 수 있으며, 다양한 분야로 넓게 확장시킬 수 있는 프로그래밍 언어를 만들겠다는 목표로 가지고 로고를 개발했던 거죠.

이러한 생각이 반영된 로고는 아이들도 컴퓨터, 소프트웨어 세계에 쉽게 입문하게 하여 아이들이 컴퓨터에 끌려가지 않고 스스로 끌고 갈 수 있도록 했어요. 즉, 로고는 처음부터 아이들이 직접 소프트웨어를 만드는 과정에서 스스로 창의적인 사고를 하여 문제를 해결하고 어려움에 도전하고 극복하는 즐거움을 깨닫게 하기 위해 개발된 프로그래밍 언어였답니다.

거인들을 제 어깨 위에 무동 태운 사람, 시모어 페퍼트

시모어 페퍼트가 이처럼 교육적인 사용을 위해 로고를 개발한 이유는 그가 수학자, 컴퓨터공학자이기 이전에 교육자였기 때문이에요.

그는 박사 학위 과정 중 프랑스 파리대학교 앙리푸엥카레연구소에서 스위스의 저명한 발달심리학자 장 피아제(Jean Piaget, 1896~1980)를 만났어요. 이때 그의 '구성주의(constructivism)'에 깊은 인상을 받아 그 이론을 4년 동안 연구하고 확장시켰습니다.

구성주의란 학습은 교사가 중심이 되어 일방적으로 지식을 전달하는 형태가 아니라 학생이 각자의 방식으로 주도적으로 시행하는 형태로 이루어져야 한다는 이론이에요. 피아제는 이러한 방식으로 학습이 이루어질 때 효율이 높아진다고 생각했습니다. 그 영향을 받은 페퍼트는 실제 세계에 존재하는 구체적인 사물을 창의적으로 만지는 과정, 무엇인가를 만들어가는 과정에 적극적으로 참여할 때 이러한 학습 효율이 더욱 커진다고 생각했어요.

그는 로고를 통해 컴퓨터가 어린이에게 생각하는 법을 키우는 유용한 수단이 될 수 있음을 최초로 보여줌으로써 컴퓨터 활용 교육 분야에 크게 공헌했어요.

또한 1970년 인공지능 연구의 선구자인 마빈 민스키(Marvin Lee Minsky, 1927~2016)와 함께 《퍼셉트론(Perceptron)》을 저술해 인공지능 연구 분야에도 기여한 바가 크답니다. 널리 알려지진 않았지만 페퍼트는 마빈 민스키와 함께 인공지능 연구의 토대를 마련한 역사적인 인

물이에요. 그래서 MIT 미디어랩을 세운 니콜라스 네그로폰테(Nicholas Negroponte)는 시모어 페퍼트의 존재를 이렇게 설명합니다.

> "그는 AI 거장인 마빈 민스키나 랩톱,
> 태블릿 PC의 아버지로 불리는 앨런 케이 등 거인들을
> 제 어깨 위에 무동 태운 사람이다."

현재 가장 널리 사용되는 어린이 교육용 프로그래밍 언어 스크래치의 개발자 미첼 레즈닉도 스크래치가 탄생하는 데 페퍼트의 아이디어와 교육철학, 비전이 결정적인 역할을 했다고 인정했어요.

시모어 페퍼트가 없었다면 지금 우리는 스크래치와 같이 아이들도 쉽게 배우고 활용할 수 있는 교육용 프로그래밍 언어를 만날 수 없었을 것이라는 거죠. 시모어 페퍼트에서 앨런 케이 그리고 미첼 레즈닉으로 이어지는, 컴퓨터와 인간이 보다 자유롭게 소통하기를 꿈꾼 컴퓨터과학

자들이 있었기에 컴퓨터 프로그래밍은 하나의 놀이처럼 쉬워지고 즐거워질 수 있었답니다.

이러한 컴퓨터과학자들의 땀과 염원이 담긴 컴퓨터 프로그래밍을 통해 세상에 변화를 가져올 새로운 시도를 한다는 것은, 그래서 더욱 의미가 깊답니다.

소프트웨어 혁명은 시작됐다

• • •

"2시간 내외로 만들어진 메르스 지도 앱은
접속자가 500만 명이었습니다.
짧은 시간 안에 만든 작업 결과물로
500만 명의 삶에 영향을 줄 수 있는 공학은
컴퓨터가 유일하다고 생각합니다."

– 이두희(멋쟁이사자처럼 대표)

EBS 〈소프트웨어 혁명은 시작됐다〉
영상 보기

사람들의 버스 타는 습관을 완전히 바꿔놓은 앱
'서울버스'

유주완
고등학교 2학년 재학 중
'서울버스' 앱 개발

"서울버스 앱은 누군가
저한테 시켜서 한 것이 아니라
저에게 필요한 것, 제가 쓰고 싶은 것,
제가 갖고 싶은 것을 제가 직접 만든 것입니다.
그리고 제가 필요해서 만들었지만
이렇게 널리 쓰이게 된 것은
사람들의 공감이 있었기 때문이라고
생각합니다."

– 유주완(서울버스 앱 개발자)

자발적인 놀이 소프트웨어

‘비전공자도 프로그래밍 언어를 알아야 한다!’

컴퓨터 비전공자를 위한 프로그래밍 교육 단체
‘멋쟁이사자처럼’

이두희

자기가 구상한 소프트웨어를
직접 개발하는
‘멋쟁이사자처럼’ 대표

“아이디어는 있지만 실행할 능력은 없는 친구에게 프로그래밍 교육을 통해 가능성을 열어주면 세상에 좀 더 많은 일이 이루어지지 않을까요. 소프트웨어는 삶을 살아가는 데 중요한 무기라고 생각합니다. 왜냐하면 굉장히 든든하거든요.”

– 이두희(멋쟁이사자처럼 대표)

세상을 살아가는 무기
소프트웨어

아이들에게도 건강한 소프트웨어가 필요하다! '핀플레이'

서상원
아이들을 위한 '키즈폰' 개발
핀플레이 대표

"아이들이 필요로 하는 소프트웨어는 분명히 존재할 텐데 게임 말고는 제대로 된 아이들을 위한 앱이 없었습니다. 그래서 곰곰이 생각을 해보았습니다. 그 결과 아이들에게는 휴대전화, 스마트폰이 소통할 수 있는 채널이라고 생각했습니다. 스마트폰만 놓고 봐도 사용자 입장에서는 앱의 조합이에요. 소프트웨어를 예전의 하드웨어처럼 가둬두려고 하면 아무도 안 쓰게 될 거예요. 결국 소프트웨어는 오픈 플랫폼입니다."

– 서상원(핀플레이 대표)

소프트웨어와 하드웨어의 경계가 무너진 세상

누구나 쉽게 접하는

소프트웨어

사람과 사람
사람과 세상을 연결해주는

소프트웨어는 링크다.

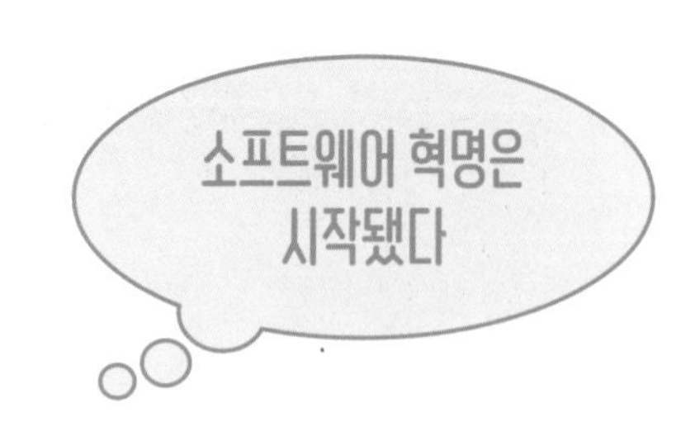

서울버스 앱을 만든 고등학생, 유주완

버스는 적정한 도로가 존재하는 곳이라면 어디에서든 저렴한 비용으로 이용할 수 있는 대표적인 대중교통 수단이에요. 그러나 지하철이나 철도와 달리 수많은 자동차와 뒤섞여 도로를 달리기 때문에 교통체증, 사고 등으로 정류장에 제시간에 도착하지 못하는 경우가 많습니다.

그래서 날씨가 춥든 덥든 정류장에서 하염없이 버스를 기다리는 사람들의 모습을 보는 것은 매우 흔한 풍경이었고, 사람들은 으레 버스는 어느 정도의 기다림을 감수해야 하는 대중교통이라고 생각했어요.

그런데 이러한 생각을 완전히 바꿔놓은 앱이 있습니다. 바로 '서울버스' 앱인데요. 무료로 내려받을 수 있는 이 앱을 통해 주변 정류장을 탐색

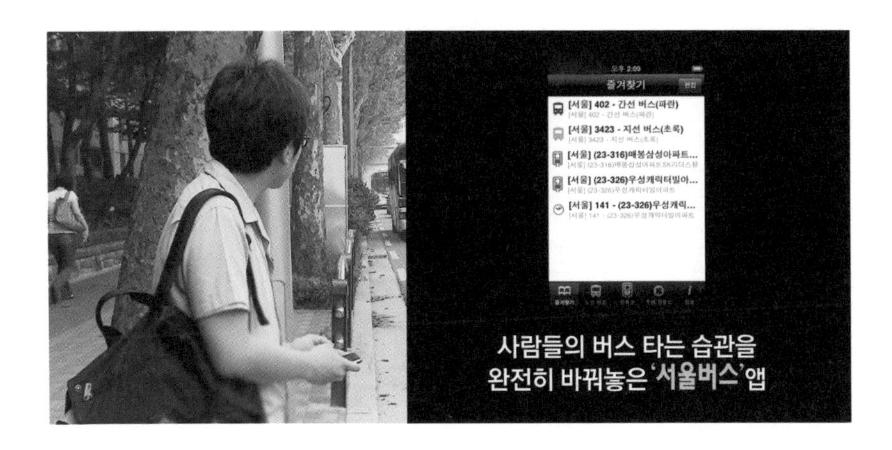

할 수 있음은 물론, 그 정류장에 버스가 몇 분 후에 도착하는지도 실시간으로 확인할 수 있어요.

또한 버스 경로를 검색할 수 있고, 자주 가는 정류장을 즐겨찾기에 추가할 수 있는 등 버스를 편리하게 이용하기 위해 꼭 필요한 기능을 완벽하게 갖추고 있습니다.

평소 버스 이용자들이 느끼던 불편함과 불만을 해소할 수 있는 유용한 정보를 담고 있는 이 앱은 2009년 12월 애플의 애플리케이션 오픈 마켓인 앱 스토어에 올려졌으며, 사람들로부터 뜨거운 반응을 얻어 최다 다운로드 수를 기록했어요. 또한 사용자들의 만족도도 높아 평점 5점 만점에 4.5점대를 꾸준히 기록하며 꽤 오랫동안 TOP50 애플리케이션의 자리를 지켰답니다.

국민 앱이라고 해도 과언이 아닐 정도로 한국의 스마트폰 이용자라면 한 번쯤 써봤을 서울버스 앱, 이 앱을 개발한 사람은 전문가가 아닌 평범한 고등학생입니다. 그것도 불과 몇 개월 만에 만들었다고 해요. 주인공은 유주완 군으로, 처음에 그는 순수하게 자신이 버스를 편리하게 이용하기 위해 이 앱을 개발했답니다.

2009년 어느 날 유주완 군은 도착할 시간이 한참 지났는데도 버스가 오지 않자 서울 시내버스 도착 시각을 알려주는 ARS를 처음으로 이용했어요. 그 후에도 몇 차례 더 이 서비스를 이용했는데, 그 과정이 여간 불편한 것이 아니었다고 해요. 전화를 걸어 여러 번에 걸쳐 메뉴 선택 버튼을 누르고 버스 정류장 번호를 입력하고…. 그러다 보면 버스가 갑자기 도착하는 경우도 있었어요.

이에 유주완 군은 자신만을 위한 버스 앱을 개발하기로 마음먹고, 학교에 다니면서 짬짬이 시간을 내어 몇 개월 만에 서울버스 앱을 만들었습니다. 그런데 어느 순간 이 앱을 자신처럼 버스를 이용하면서 불편함을 느끼는 사람들과 공유하면 좋겠다는 생각이 들었어요. 그래서 앱 스토어에 등록했죠.

앱 개발에 가장 많은 도움을 준 존재, 인터넷

주완 군이 서울버스 앱을 개발하는 과정에서 가장 많은 도움을 받은 존재는 다름 아닌 인터넷이었어요. 그에게 인터넷은 초등학교 때부터 유일한 컴퓨터 공부 스승이었답니다. 이번에도 인터넷을 통해 앱을 만드는 데 필요한 프로그래밍 언어(코드)를 공부하고, 중간중간 궁금한 점이 생기면 인터넷 검색을 통해 스스로 해결했어요.

또한 한글로 된 문서자료는 정보가 미흡해서 영문 자료를 읽기 위해 영어 공부도 게을리하지 않았다고 해요. 이러한 과정을 거쳐 탄생한 앱이 바로 서울버스랍니다.

주완 군이 컴퓨터와 처음 인연을 맺은 것은 초등학교 3학년 때였어요. 당시 우연히 이찬진 컴퓨터 교실에 다니기 시작하면서 컴퓨터를 알게 된 주완 군은 이후 부모가 수없이 제재를 가할 정도로 컴퓨터에 무섭게 빠져들었습니다.

그러나 다른 아이들처럼 컴퓨터 게임을 즐긴 것이 아니었어요. 주완 군은 개발에 관심이 많았는데, 그 결정적인 계기가 된 것은 초등학교 4학년 때 참가한 학교 홈페이지 공모전이었습니다. 주완 군은 공모전을 준비하면서 자신이 코딩한 대로 컴퓨터가 작동하는 것을 보고 큰 즐거움과 뿌듯함을 느꼈어요.

그날 이후 좋은 아이디어가 떠오르면 인터넷을 찾아가며 그 아이디어를 프로그램으로 만드는 작업을 했어요. 이러한 과정에서 그의 코딩 실력은 점점 향상되었고, 이는 그가 서울버스라는 국민 앱을 만드는 데 큰 힘이 되었답니다.

626억 원의 김기사 앱을 만든 평범한 부산 청년

2015년 다음커뮤니케이션과 카카오의 통합 법인인 다음카카오에 626억 원에 인수된 스마트폰 내비게이션 앱이 있어요. 바로 '김기사'인데요. 김기사는 국민 내비게이션이라고 불릴 정도로 스마트폰 사용자들의 많은 사랑을 받은 앱으로, 박종환이라는 이름의 평범한 부산 청년이 개발했습니다.

그는 부산에서 대학을 졸업했는데, 당시 한국에 상륙한 IMF 외환위기로 쉽게 직장을 구할 수 없었다고 해요. 그래서 대학 동기인 김원태 씨가 다니는 벤처기업에 입사하기 위해 단돈 10만 원을 들고 무작정 상경했습니다.

서울에 연고지가 없었던 그는 임시방편으로 김원태 씨의 집에 잠시 신세를 지다가 다른 곳으로 이사를 했어요. 그런데 이사 첫날 아주 황당한 경험을 하게 됩니다. 오전에 집을 계약하고 밤이 되어 찾아가려고 했

으나 길을 잃은 것이었죠. 지도책까지 구입해가며 찾으려고 애썼지만, 부산 토박이였던 그의 눈에 네온사인이 번쩍이는 서울 거리는 어디가 어디인지 구분이 되지 않았습니다. 결국 새로 이사한 집을 찾는 데 실패한 그는 인근 여관에서 하룻밤을 묵어야 했어요.

이 경험은 훗날 그가 내비게이션 앱 개발 사업에 뛰어드는 데 큰 영향을 미쳤답니다.

서울로 온 이후 박종환 씨는 김원태 씨가 근무하는 벤처기업에 무난히 입사했어요. 마침 그곳은 지리정보 서비스를 만드는 회사였고, 당시 김원태 씨는 내비게이션 개발 관련 업무를 하고 있었어요.

박종환 씨는 서울에 처음 왔을 때 길을 몰라 새로 이사한 집을 찾지 못했던 기억을 떠올리며 기존 내비게이션보다 더 편리하고 효율적인 프로그램을 갖춘 내비게이션을 만들겠다는 꿈을 품었습니다. 그뿐 아니라 이곳에서 훗날 내비게이션 개발 회사 록앤올(Loc&All)을 공동 창업하게 되는 동업자 신명진 씨도 만났어요.

이후 박종환, 김원태, 신명진 세 사람은 의기투합해 회사에서 나와

록앤올을 창업하고 내비게이션 개발 사업에 뛰어들었어요. 주변의 반대가 만만치 않았죠. 당시 국내 내비게이션 애플리케이션 시장은 SK텔레콤, KT 등 거대 통신사들이 완전히 장악하고 있었기 때문이에요. 그러나 이들은 전혀 개의치 않았다고 해요. 내비게이션에 관한 한 경력이나 기술 면에서 누구에게도 지지 않는다는 강한 자신감과 자부심을 가지고 있었기 때문입니다.

영세 중소기업이다 보니 자본이 부족했지만, 이들은 모든 어려움을 극복하고 스마트폰 내비게이션 앱 '김기사'를 개발했어요. 이 앱은 대기업이 만든 앱보다 더 쉽고 정확하게 길을 찾을 수 있는 서비스를 제공해 큰 인기를 끌었답니다. 그리고 마침내는 그 가치를 알아본 다음카카오에 626억 원에 인수되는 성공을 거두었어요.

소프트웨어를 통해 세상을 변화시키는 사람들

유주완 군과 박종환 씨는 다른 사람들보다 월등하게 뛰어난 지능이나 천부적인 재능을 가진 특별한 사람들이 아니었습니다. 어디에서나 만날 수 있는 평범한 사람들이었어요. 그러나 이들은 사람들의 삶과 세상을 변화시키는 혁명을 일으켰습니다.

그 혁명은 이들이 만든 소프트웨어(프로그램)에서 비롯된 것이었어요. 이들이 만든 소프트웨어가 없었다면 혁명은 불가능했을 것입니다. 소프트웨어는 단순히 컴퓨터에 내리는 명령어의 모음에 지나지 않지만, 이처럼 세상을 움직이는 어마어마한 힘을 가지고 있어요.

두 사람은 그 힘을 대한민국 사회에 여실히 보여준 대표적인 사례입니다. 또한 지금 우리가 조금만 관심을 기울이면 누구든지 세상을 변화시킬 소프트웨어를 만들 수 있는 시대를 살고 있음을 명확하게 보여주는 사례라고도 할 수 있어요.

21세기 인류가 배우고 사용해야 할 소프트웨어

2021년 현재는 코로나19로 전 세계인들이 고통받고 있지만, 그보다 앞서 2015년에도 중동 호흡기 증후군(메르스) 사태로 대한민국 사회가 공포에 휩싸였을 때가 있었어요.

이 때 사람들을 가장 분노하게 한 것은 메르스 환자가 접촉한 병원 명단을 공개하지 않는 보건 당국의 태도였습니다. 이러한 미온적이고 안일한 태도는 사람들의 불안과 공포를 더욱 확산시켰고 전 국민의 공분을 샀어요. 그러나 한 앱의 등장으로 사람들은 불안과 공포에서 벗어날 수 있었답니다.

바로 '메르스 확산 지도'입니다. 이 지도는 컴퓨터 비전공자이지만 코딩을 할 줄 아는 한 대학생이 만든 앱이었습니다. 그리고 이 학생이 앱을 만들 때 옆에서 도움을 준 사람이 신생 혁신 기업(스타트업) '멋쟁이사자처럼'을 설립한 이두희 씨랍니다. 이두희 씨는 서울대 강의를 평가하고 공유하는 앱인 'SNUEV'를 만들어 세간의 화제를 모았던 프로그래머이기도 해요.

멋쟁이사자처럼은 이두희 씨가 2013년 컴퓨터 비전공자에게 소프트웨어를 만드는 코딩을 가르치기 위해 세운 프로그래밍 교육 단체입니다. 좋은 아이디어가 있음에도 코딩을 할 줄 몰라 아이디어를 사장시켜야 했던 사람들에게 도움을 주고자 설립했다고 해요.

2016년 8월에는 구글이 세상을 변화시킬 아이디어를 가진 비영리 단체들을 지원하기 위해 정기적으로 개최하는 '구글 임팩트 챌린지'에서 최종 우승을 차지해 구글로부터 5억 원의 상금과 12개월간의 프로그램 멘토링을 지원받는 성과를 거두기도 했답니다.

이두희 씨는 수많은 사람과 세상에 영향을 줄 수 있는 어마어마한 일을 단 몇 시간 만에 해낼 수 있는 것은 소프트웨어밖에 없다는 확신을 가지고 있어요. 소프트웨어가 세상을 지배하는 힘이 점점 강해지고 있는 지금, 앞으로의 삶을 성공적으로 살아가기 위해서는 단순히 소프트웨어를 다루는 데 그치지 않고 직접 만들 줄 알아야 한다고 생각했습니다.

"아마 2시간도 안 돼서 메르스 지도를 만들었을 거예요. 그렇게 작업한 결과물에 500만 명이 접속했죠. 2시간도 안 걸려 만든 지도가 그 500만 명의 삶에 영향을 준 거예요. 이런 공학은 컴퓨터가 유일하다고 생각해요. 그래서 저는 삶을 살아가는 데 소프트웨어가 굉장히 중요한 무기라고 생각합니다. 왜냐하면 굉장히 든든하거든요."

- 이두희(멋쟁이사자처럼 대표)

이는 비단 이두희 씨만의 생각이 아니에요. 많은 전문가가 모든 것이 소프트웨어를 기반으로 돌아가는 시대를 살아가고, 선도하기 위해서는 코딩 교육이 필수라고 진단하고 있어요. 그런데 미국의 IT 분야 시장조사 업체인 IDC에 따르면 세계 노동인구 약 30억 명 가운데 코딩의 핵심인 프로그래밍 언어를 사용하는 인구는 2,000만 명에도 미치지 못한다고 해요.

그래서 영국, 핀란드, 에스토니아, 이탈리아 등 세계 각국에서 코딩 교육의 중요성을 강조하며 코딩 수업을 학교 교과과정에 포함시키고 있어요. 멋쟁이사자처럼과 같이 초보자도 쉽게 배울 수 있도록 코딩 교육의 기회를 제공하는 웹 플랫폼(웹 기술을 기반으로 앱을 개발하고 구동할 수 있게 하는 환경)도 많이 만들어지고 있답니다. 대표적인 예로 코드닷오알지, 코드아카데미, 플레이봇, 엔트리 등이 있어요.

코딩이 일상이 되는 미래, 우리는 무엇을 준비해야 할까요?

몇 년 전부터 많은 전문가가 향후 인류의 삶에 획기적인 변화를 가져올 기술 중 하나로 사물인터넷을 꼽습니다. 실제로 많은 기업이 앞다투어 사물인터넷 사업에 뛰어들어 다양한 연구 성과를 내고 있기도 하죠.

사물인터넷 기반의 웨어러블기기를 서비

스하는 핀플레이 대표 서상원 씨는 아이들에게 게임이 아닌 건강한 소프트웨어가 필요하다고 생각했어요.

그는 손목에 차는 어린이용 스마트폰인 '키즈폰'을 개발해 화제를 모은 주인공이기도 합니다. 그는 소프트웨어를 사람과 사람, 사람과 사물, 사물과 사물을 연결하는, 다시 말해 세상을 하나로 연결해주는 '링크'라고 생각했어요. 소프트웨어가 가진 힘이 그만큼 어마어마하다는 얘기입니다.

이러한 소프트웨어가 지배할 미래는 우리가 상상하는 것 이상의 모습일 것이에요. 소프트웨어가 세상의 중심이 되고, 그래서 평범한 사람들도 나만을 위한 맞춤형 소프트웨어를 만들기 위해 코딩을 하는 일이 일상이 될 미래. 이때를 위해 우리는 무엇을 준비해야 할까요?

전문가적인 수준은 아니더라도 최소한 소프트웨어, 코딩의 개념을 이해하고 응용할 수 있는 능력은 갖춰야 하지 않을까요? 그래야만 소프트웨어가 불러일으킬 거대한 변화에 대처할 수 있을 테니 말이에요.

EPILOGUE
<···>
C++
{ }
</>

시작된 미래의 주인공

mirror_mod.use_x = False
mirror_mod.use_y = True
mirror_mod.use_z = False
elif _operation == "MIRROR_Z":
mirror_mod.use_x = False
mirror_mod.use_y = False
mirror_mod.use_z = True
#selection at the end -add back the deselected mirror modifier object
mirror_ob.select= 1
modifier_ob.select=1
bpy.context.scene.objects.active = modifier_ob
print("Selected" + str(modifier_ob)) # modifier ob is the active ob
#mirror_ob.select = 0

이제 소프트웨어와 인공지능(A.I)에 대한 이해는 일상의 기본 소양이 되었습니다. 지능정보화 세상에서 우리가 서 있는 자리를 파악하고 어디로 가는지를 아는 것은 무척 중요한 일입니다.

이제는 기초지식이 되었지만 제작 당시엔 다소 낯선 주제였던 '코딩과 소프트웨어'로 〈코딩 소프트웨어 시대〉, 〈링크 소프트웨어 세상〉이라는 두 개의 미니 다큐 시리즈를 만들었습니다. 그리고 2017년 이를 기반으로 《시작된 미래 ⓔ》를 출간하였습니다. 하지만 그 미래는 생각보다 빠르고 크게 우리에게 다가왔습니다. 교육계에도 변화가 있었습니다. '소프트웨어와 인공지능교육'은 초, 중, 고등학교와 대학에서 다소 부족하지만 정착되어가는 중입니다. 하지만 그럴수록 이 분야의 뿌리에 해당하는 기초지식을 알려주는 곳이 드물고 쉽게 설명해 주는 데를 찾기가 어려운 것도 현실입니다.

그래서 EBS의 초기 소프트웨어교육 시리즈를 바탕으로 출간되었던 《시작된 미래 ⓔ》를 현재의 기준에 맞게 수정하고 보완해서 《최소한의 코딩지식》으로 다시 여러분을 만나기로 했습니다. 이 책이 여러분들이 소프트웨어와 인공지능 시대를 이해하는데 많은 도움이 될 것으로 기대합니다.

〈코딩 소프트웨어 시대〉, 〈링크 소프트웨어 세상〉이라는 두 개의 미니 다큐 시리즈는 전문 프로그래머가 아닌 방송 프로듀서와 작가들의 시각으로 관련 전문가들의 검증을 거쳐 만든 내용이며 친근하게 시청자와 독자 여러분들에게 다가가려고 노력한 영상입니다. 동영상 콘텐츠가 제작된 시점을 고려할 때 현재 기준으로 다소 오래된 내용도 있을 수 있습니다. 이 점에 대해서는 넓은 이해를 바랍니다.

이 책을 다 읽으신 후에 본격적으로 입문해 보고 싶으신 분들이 계신다면 EBS의 소프트웨어와 인공지능 교육 전문 플랫폼 '이솦(검색창에서 '이솦' 또는 www.ebssw.kr)을 추천드립니다. 소프트웨어와 인공지능 교육콘텐츠가 풍부하고 체계적으로 준비되어 있어 학습부터 실습까지 원하는 모든 것을 다 해 볼 수 있을 것입니다.

디지털시대, 소프트웨어와 인공지능, 사물인터넷, 블록체인을 넘어 이제 메타버스 세상이 열리려 하고 있습니다. 이 책을 통해서 여러분과 자라나는 세대들이 시작된 미래의 주인공이 되시길 바랍니다.

2021년 여름

김광범(EBS 학교교육본부장/프로듀서)

참고문헌

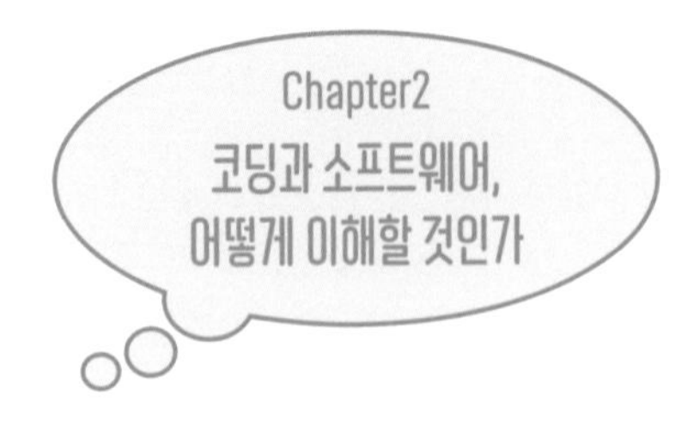

01 • 조용한 혁명

〈과학기술, 그 뿌리와 현주소, 수학편(중)–산업혁명이 근대 수학의 산실〉, 김용운, 한국과학기술단체총연합회, 과학과 기술, 31권 5호, 1998

"수학교육", 두산백과

《클라우스 슈밥의 제4차 산업혁명》, 클라우스 슈밥, 송경진 역, 새로운현재, 2016.4

《4차 산업혁명의 충격》, 클라우스 슈밥 외 26, 김진희 · 손용수 · 최시영 역, 흐름출판, 2016.7

"C언어로 부는 바람, 코딩이 뭐길래", 하경화, 매일경제, 2016.7

02 • 10초 리캡차

"인간과 로봇을 구별해주는 보안 도구, 캡차", 이지현, 네이버캐스트, 2015.2

"CAPTCHA", 위키백과

03 • 21세기 갈릴레오

"백과사전의 역사", 두산백과

《선샤인 지식노트》, 강준만, 인물과사상사, 2008.4

04 • 생명을 구하는 문자

"단문메시지서비스, SMS", 서동민, 네이버캐스트, 2011.6

"약 대신 문자메시지로 말라리아를 잡았다고?", 김신회, 머니투데이, 2013.8

05 • 검색창 뒤의 순위 전쟁

《In the Plex, 0과 1로 세상을 바꾸는 구글, 그 모든 이야기》, 스티븐 레비, 위민복 역, 에이콘출판, 2012.9

06 • 잭의 컴퓨터

《세상을 바꾼 십대, 잭 안드라카 이야기》, 잭 안드라카 · 매슈 리시아크 저, 이영아 역, 알에치코리아, 2015.4

07 • 에스토니안 마피아

"숲 속까지 뻗은 와이파이망", 장진원, 한경비즈니스, 2015.11

"[청년들이 앓고 있다] 2부: 현장에서 찾는 해법(4) IT 강소국 에스토니아", 박준호, 서울경제, 2014.7

"프로그래머들의 밤샘 파티, 해커톤", 정주희, SK하이닉스 블로그, 2016.6

01 • 소프트웨어, 세상에 로그인하다

《인터넷》, 이재현, 커뮤니케이션북스, 2013.2

《인터넷과 사이버사회》, 이재현, 커뮤니케이션북스, 2000.9

《망 중립성》, 배진한, 커뮤니케이션북스, 2014.4

《인터넷, 그 길을 묻다》, 한국정보법학회, 중앙북스, 2012.10

《정보통신산업의 망 중립성 규제연구: 경쟁과 혁신활동에 미치는 영향을 중심으로》, 이수일·김정욱, 한국개발연구원, 2008.12

"알수록 신기해! 사물인터넷 속 소프트웨어의 세계", 김태협, 삼성전자 뉴스룸, 2016.3

02 • 세상을 밝힌 논리식

"삼단논법", 두산백과

"불 대수", IT용어사전, 한국정보통신기술협회

《디지털 논리회로 설계》, 조준동, 생능출판사, 2010.9

03 • 컴퓨터의 스무고개

"[뒤집어 보는 인터넷 세상](19) 클로드 섀넌의 '정보와 물질'", 백욱인, 경향신문, 2014.5

"정보 엔트로피", 위키백과

"[인터넷의 역사] 1948년: 컴퓨터 정보는 이렇게 전달된다", 예병일, 예병일의 경제노트, 2003.12

《두근두근 언플러그드 컴퓨팅》, 이재우, 생능출판사, 2016.8

《알기 쉬운 디지털 논리회로 설계》, 조준동, 생능출판사, 2010.9

04 • 클릭, 컴퓨터 속으로

《Hello! EBS 소프트웨어!》, 구덕회 외 7, 한국교육방송공사, 2016.2

《컴퓨터 역사》, 백욱인, 커뮤니케이션북스, 2013.2

"계산기부터 웨어러블PC까지, PC의 역사", 김도훈, 앱스토리 매거진, 2016.2

05 • 컴퓨터 오류 수정의 비밀

《컴퓨터 IT 용어대사전》, 전산용어사전편찬위원회, 일진사, 2012.1

"해밍코드", 두산백과

"수학의 쓸모, 컴퓨터의 오류정정", 정경훈, 네이버캐스트, 2009.7

06 • 기본 위에 세워진 신뢰성, 데이터베이스

"데이터베이스", 두산백과

07 • 사이버 전쟁, 창과 방패의 대결

"내 PC를 지키기 위한 도우미, 컴퓨터 백신", 권명관, 네이버캐스트, 2011.12

"자기 복제를 하며 컴퓨터를 감염시키는 프로그램, 컴퓨터 바이러스", 권명관, 네이버캐스트, 2012.4

"지능적 지속 위협, 지능적으로 유유히 정보를 유출해 달아난다, APT공격", 이지영, 네이버캐스트, 2013.7

"네트워크를 지키는 최후의 보루, 방화벽", 이문규, 네이버캐스트, 2012.4

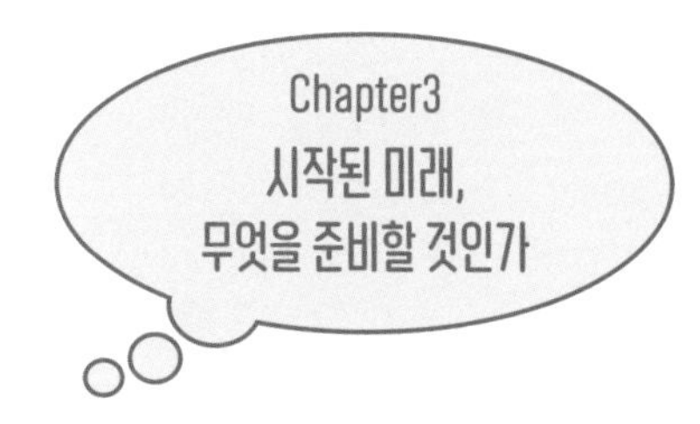

01 • 인간은 아니지만 인간처럼

"스카이넷의 시대가 올까? 인공지능", 채반석, 네이버캐스트, 2016.3

"인공지능의 두 얼굴, 구원일까 위협일까?", 곽노필, 한겨레, 2016.9

"컴퓨터 공학의 아버지이자 야만적 시대에 버림받은 수학 천재, 앨런 튜링", 박종대, 네이버캐스트, 2012.4

"현대 컴퓨터의 모델, 튜링기계", 이광근, 네이버캐스트, 2011.3

"튜링테스트 통과한 유진, 생각하는 지능 갖고 있나", 안상욱, 한국과학기술정보원(KISTI)의 과학향기, 2014.7

02 • 직업의 미래

"5년 뒤 내 직업 아직 있을까?", 김현주, 세계일보, 2016.4

"앞으로 유망 직업은 로봇 훈련사?", 이종태, 시사IN, 2016.8 (제463호)

"로봇시대 일자리 박탈, 개도국이 더 위험", 곽노필, 한겨레, 2016.2

"2036년 우리 아이의 직업 보고서", 김경민, 맘&앙팡, 2016.2

《Hello! EBS 소프트웨어!》, 구덕회 외 7, 한국교육방송공사, 2016.2

"사인 한 번에 7000만원 보너스…판교서 열린 연봉 대전", 권유진, 중앙일보 2021.3

03 • 당신이 만나게 될 예술가

"백남준", 두산백과

《미디어 아트》, 정동암, 커뮤니케이션북스, 2013.2

《세계 미술 용어사전》, 편집부, 월간미술, 1999.1

"단순함이 정교함이다, 에브리웨어(everyware)", 배경헌, 네이버캐스트, 2014.4

04 • 로봇, 따뜻한 기술로 태어나다

"로봇", 두산백과

"로봇", 한국민족문화대백과, 한국학중앙연구원

《로봇 다빈치, 꿈을 설계하다》, 데니스 홍, 샘터, 2013.3

05 • 컴퓨터와 소통을 꿈꾸다

"쥐를 닮은 입력장치, 마우스", 서동민, 네이버캐스트, 2011.6

"마우스의 아버지, 더글라스 엥겔바트", 이상우, 네이버캐스트, 2015.3

《Hello! EBS 소프트웨어!》, 구덕회 외 7, 한국교육방송공사, 2016.2

"생각을 생각하는 법을 생각하게 한 거인", 최윤필, 한국일보, 2016.8

"객체 지향 프로그래밍과 사용자 인터페이스의 선구자, 앨런 케이", 이상우, 네이버캐스트, 2015.9

《컴퓨터 IT 용어대사전》, 전산용어사전편찬위원회, 일진사, 2012.1

06 • 소프트웨어 혁명은 시작됐다

"아이폰 앱 '서울버스' 개발한 유주완의 소박한 꿈", 양희은·장효찬, AhnLab 사보 보안세상, 2010.4

"서울버스앱 개발자 유주완의 편지", 블로그 NHN Institute for the NEXT Network, 2014.5

"네비어플 김기사 제작 록앤올 박종환 CEO", 블로그 스페럴리스트의 인생공부, 2015.4

"천재 해커 이두희, '누구나 세상 바꿀 SW 만들 수 있죠'", 이서희, 한국일보, 2016.8

"코딩은 아이디어를 현실로 바꾸는 기술", 김미량, 조선닷컴 톱클래스, 2016.5

사진 출처 ▸▸▸

연합포토

8p 맷 드러지 275p 이세돌 vs 알파고

Everyware

304p, 308p, 309p 인터렉티브 아트

Wikipedia

42p 루이스 폰 안 65p 래리 생어 67p 피에르 레비 94p, 99p 세르게이 브린, 래리 페이지 108p, 113p, 114p 잭 안드라카 121p 메소텔린, 탄소 나노튜브 278p 레이 커즈와일, 스티븐 호킹, 일론 머스크 311p 백남준 319p 인터렉티브 아트 340p 시모어 페퍼트 342p 미첼 레즈닉 349p 앨런 케이

최소한의 코딩지식

개정판 2쇄 발행 2023년 6월 10일

기획 EBS MEDIA
지은이 EBS 〈코딩 소프트웨어 시대〉, 〈링크 소프트웨어 세상〉 제작팀, ㈜채널봄, ㈜월픽쳐스
펴낸이 김남전

편집장 유다형 | **편집** 이경은 | **해설원고** 김현숙
디자인 양란희 | **마케팅** 정상원 한웅 김건우 | **경영관리** 임종열 김다운

펴낸곳 ㈜가나문화콘텐츠 | **출판 등록** 2002년 2월 15일 제10-2308호
주소 경기도 고양시 덕양구 호원길 3-2
전화 02-717-5494(편집부) 02-332-7755(관리부) | **팩스** 02-324-9944
홈페이지 ganapub.com | **포스트** post.naver.com/ganapub1
페이스북 facebook.com/ganapub1 | **인스타그램** instagram.com/ganapub1

ISBN 978-89-5736-277-8 04410